数据科学与大数据技术专业系列规划教材

Data Processing and Analysis
Using Power BI

Power BI
数据处理与分析

微课版

黄达明 张萍 / 编著

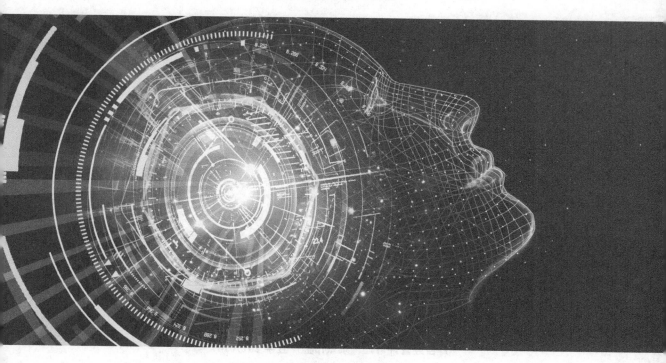

人民邮电出版社

北 京

图书在版编目（ＣＩＰ）数据

Power BI数据处理与分析：微课版 / 黄达明，张萍
编著. -- 北京：人民邮电出版社，2022.12
数据科学与大数据技术专业系列规划教材
ISBN 978-7-115-59199-9

Ⅰ．①P… Ⅱ．①黄… ②张… Ⅲ．①可视化软件－数
据分析－高等学校－教材 Ⅳ．①TP317.3

中国版本图书馆CIP数据核字(2022)第069139号

内 容 提 要

本书详细讲解使用 Power BI 进行数据处理和分析的相关方法和操作。全书共 10 章，主要内容包括认识数据分析、数据的获取、数据处理基础、Power Query 中的 M 语言、使用 M 语言进行数据处理、数据可视化、Power Pivot 中的 DAX 语言、数据分析基础、数据分析进阶、数据分析高级应用案例。

本书适合作为高等院校数据分析相关课程的教材，也可作为各行各业需要进行日常数据处理和分析的数据分析人员的参考书。

◆ 编　著　黄达明　张　萍
　　责任编辑　许金霞
　　责任印制　王　郁　陈　犇
◆ 人民邮电出版社出版发行　　北京市丰台区成寿寺路 11 号
　　邮编　100164　　电子邮件　315@ptpress.com.cn
　　网址　https://www.ptpress.com.cn
　　固安县铭成印刷有限公司印刷
◆ 开本：787×1092　1/16
　　印张：13.75　　　　　　　　2022 年 12 月第 1 版
　　字数：334 千字　　　　　　 2024 年 12 月河北第 2 次印刷

定价：59.80 元

读者服务热线：(010)81055256　印装质量热线：(010)81055316
反盗版热线：(010)81055315
广告经营许可证：京东市监广登字 20170147 号

数据已经成为推动现代社会运转的最重要的资源之一，数据科学成为人类探索世界的第四科学范式。不论属于哪个行业，也不论是在工作、学习还是在生活中，人们都时常需要通过对数据进行处理和分析来理解数据背后的知识和规律，从而帮助自己做出更好的决策。

掌握基本的数据处理和分析方法，在数据时代是非常重要的事情。Power BI 是微软公司推出的一款很容易上手而且能力强大的数据处理、分析和可视化工具。Power BI 通过内置的 Power Query、Power Pivot 和 Power View 三大组件封装了大量的功能模块；同时它以关系模型作为数据建模的基础，使得初学者很快就能够通过关联、计算、度量和可视化等手段对数据中蕴含的事实、知识和规律进行不同角度和层次的抽象和建模，从而更好地理解数据。本书以 Power BI 为载体介绍数据处理和分析的方法。

☆本书特色

1. 以 Power BI Desktop 为主，内容较为全面，讲解由浅入深

本书先对 Power BI 完整的产品体系进行介绍，包括 PC 端的 Power BI Desktop、云端的 Power BI Service 及移动端的 Power BI App，使读者可以全面了解 Power BI 的应用、安装和基本使用方法。然后以浅显易懂的文字和直观的操作截图为主要讲解方式，介绍使用 Power BI Desktop 进行数据处理、可视化和分析的方法，同时每个部分都有简单的理论铺垫。本书以从 Power BI Desktop 简单应用到高级应用的方式进行介绍，通过适当的案例，使不同基础的读者可以根据自己的需要，掌握使用 Power BI Desktop 进行不同层次的数据处理和分析的方法。

2. 注重手动操作方法和使用 M 语言编写程序进行自动化处理的方法

数据处理是数据分析的基础。Power BI Desktop 中的 Power Query 提供了强大的数据处理能力，包括从不同的数据源获取数据，完成数据清理任务，然后将数据转换成适合进行最终数据分析的数据表形式。在数据处理部分，本书除了介绍基本的数据获取和处理的操作方法外，还重点且较为详细地介绍 M 语言，并给出了使用 M 语言解决问题的多个案例。读者可以通过菜单和按钮完成一些基础、强大和重要的数据处理任务，在面对较复杂的数据处理场景时，可以适当使用 M 语言编写程序，以完成自动化程度更高、逻辑更加复杂的数据处理任务。

1

3．对数据可视化功能的讲解全面且易于理解

本书对 Power BI Desktop 的数据可视化功能进行全面的介绍。本书以数据可视化的作用为主线，以 Power BI Desktop 为载体，使读者掌握从基础到高级的可视化对象的用途和用法，进而在报表中灵活使用这些对象。本书还对 Power BI Desktop 报表提供的切片器、书签、见解、钻取、聚焦、分组和装箱等高级功能进行了完整的介绍，使读者学会从不同角度对数据进行展示，在数据探索分析、数据建模分析及分析结果展示等不同阶段获得有力支持。

4．在数据建模分析部分注重理论和实践的结合

在数据建模部分，本书兼顾理论和实践。先给出 Power BI 数据建模的核心思想和方法，接着较为全面地介绍了用于实现数据建模的 DAX 语言，并且按照重要性和难度逐步介绍 DAX 语言的主要功能函数及其用法，然后从理论角度介绍 Power BI 的公式引擎和存储引擎，使读者能更加清晰地理解 Power BI 在数据分析中的数据提取和计算原理；同时结合具体的应用案例，使读者尽可能深入地掌握使用 Power BI 进行数据建模分析的方法。最后，以几个较为高级的数据分析案例作为结尾：一方面介绍数据分析的常用思路和方法，并给出理论解释；另一方面能够帮助读者熟练掌握使用 Power BI 进行数据分析的方法。

☆使用指南

本书详细介绍使用 Power BI 实现数据处理和分析的相关方法和操作，书中内容以数据的获取和处理、数据的可视化和数据建模分析为主线展开，兼顾可视化界面操作和适当的编程实现。书中主要的知识点和实现操作都配有演示视频，扫描二维码即可观看。每章最后都配有和章节内容相关的练习，读者可以根据需要学习相关章节的内容。

本书还配套提供了丰富的教学资源，包括教学 PPT 课件、教学大纲、数据源、操作视频、习题答案、拓展资料等。

☆编者致谢

本书第 1、2、6 章由张萍编写，其他章节由黄达明编写。由于编者水平有限，书中难免存在疏漏之处，恳请各位读者批评指正。本书在编写过程中得到了 2017 年教育部产学合作协同育人项目"以计算思维为导引的数据科学基础"的支持，在此表示感谢！

编者

2022 年 8 月于南京大学

目录

第 1 章 认识数据分析

1.1 数据分析的基本概念

人类社会已进入大数据和云计算时代，随时随地都在产生海量的数据。从 2004 年至今，全球数据总量一直在以指数级速度增长。美国国家科学基金会将大数据定义为"由科学仪器、传感设备、互联网交易、电子邮件、音视频软件、网络点击流等多种数据源生成的大规模、多元化、复杂、长期的分布式数据集"。

大数据具有以下特征。

（1）数据量巨大，其数据的存储和处理操作无法由人工完成而必须使用计算机。

（2）数据的来源和格式具有多样性。除了传统的结构化数据外，更多的是半结构化和非结构化数据。

（3）数据的价值密度低。

（4）数据总量的增长速度快。

（5）数据的处理和分析难度大。

大数据时代的巨量数据并不都是有用的信息。为了提升数据的价值，我们需要做深入的数据分析和挖掘工作，从大量数据中找出隐含的、未知的、用户可能感兴趣的、对决策有潜在价值的知识和规则，揭示数据中某些对象之间的特定关系，为经营决策、市场策划和金融预测等提供有用的信息。因此，对于现代化企业而言，数据分析工作非常重要。例如，一家公司让员工佩戴传感器以搜集日常工作中员工之间的非正式互动数据，公司的数据分析人员在对搜集到的数据进行分析后，建议重新设计办公环境，因此提高了工作效率。

从事数据整理、分析和挖掘工作的技术人员被称为数据分析师或数据科学家。托马斯·达文波特和帕蒂尔在《哈佛商业评论》上发表的《数据科学家：21 世纪最性感的职业》一文中指出：企业正在应对前所未有的庞大而多样的信息。数据科学家的职责是在数据的海洋中探索，找出丰富的数据源并将它们与其他数据源连接起来，将大量不规则的数据组织起来使之成为可分析的数据，再用数据分析得到的信息为企业高管和产品经理提供产品、流程和决策等方面的建议。

数据科学是培养数据分析师及数据科学家的专门学科。数据科学包括数学与统计学（线性代数、概率统计、建模等）、计算机与人工智能（机器学习等）、可视化、计算语言学、图形分析、商务智能、数据存储与检索等多个学科领域。有人曾经把数据科学家形容为计算机科学家中的统计专家，统计专家中的计算机科学家。

1.1.1　数据的基本概念

在客观世界中，数据通常是指一些抽象的、可识别的物理符号或物理符号的组合，用于记录和表示客观事物的属性、数量、位置及它们间的相互关系。数据不仅是用某种进制表示的实数（如 1、2、3、3.14、2.71828 等），还包括具有一定意义的文字与数字、符号的组合（如电子商务平台上各商铺的商品交易记录等），以及图形、图像、音频、视频等。在计算机世界中，数据是指所有用二进制编码表示的、可以输入计算机中并能被计算机程序处理的数值、命令、文字、图形图像、音频和视频等。

虽然大数据时代下的数据量巨大且种类繁多，但它们并不都是对人类有用的信息，因此对数据做进一步的处理和分析使其变为有用的信息就显得十分必要。

从数据分析和处理的角度可以将数据分为 4 类：①原始数据（没有经过任何加工处理的数据）；②干净数据（做过预处理的数据）；③增值数据（做过分析和处理的数据）；④洞见数据（可直接用于决策的数据）。

1.1.2　数据分析的主要内容及流程

数据分析的主要内容可以归结为以下几方面。

（1）确定数据分析的目的。在目的明确的基础上确定需要分析什么数据并建立相应的数据框架。例如，一个互联网电子商务企业为了增加企业产品的网上销售额、提升自己在行业中的地位，决定分析以下几方面的数据：①电子商务行业整体状况统计数据；②网站运营状况（流量分析、销售分析、商品分析等）统计数据；③客户分布情况数据；④各种转化率及广告投放效益等数据。据此建立的数据框架包括：①流量数据层（客户的浏览行为等）；②交易和库存数据层（客户的交易行为等）；③客户信息、商品信息和售后服务数据层；④财务数据层；⑤店铺数据层。

（2）根据数据分析目的和数据框架从各种数据源中收集并存储数据。例如，一个互联网电子商务企业的数据来源通常包括内部数据和外部数据两大类。内部数据主要有：①财务数据（产品销售总额、成本、利润、广告投放额）；②网站运营数据（PV、UV、购买商品的客户信息、浏览网站的客户信息及其在网站停留的时间、收藏数、评论数、跳出率、新访问比例、流量订单转化率、新用户注册购买率、老用户购买率、平均订单额、订单失败率、购物车失败率、广告投放转化率、配送差错率、每个用户的平均获取成本等）；③客户数据（性别、年龄、职业、地域分布、购物时间等）。外部数据主要有：①电子商务行业所占的市场份额；②企业市场调研数据；③用户使用的搜索引擎类型及主要搜索关键词的比例；④第三方监测数据；⑤竞争对手的数据等。一个企业在运营的各个环节都需要做实时的数据收集。

（3）选择合适的数据分析工具。有许多数据处理与分析工具可供选择，具体选择什么工具取决于企业的需求和操作工具的人。例如，对于一个电子商务企业而言，自助式商业智能软件 Power BI 就是一个不错的选择。

（4）将收集到的数据导入数据分析工具，对数据做必要的整理，建立数据模型并做相应的数据分析，用数据分析结果形成决策辅助策略，以可视化报表形式呈现给决策者。

数据分析实际上就是将企业业务层面的问题转化为数据问题，使用数据分析工具对数据加以分析和处理后，再将数据应用到业务层面的过程。

数据分析的一般流程可用图 1-1 表示。

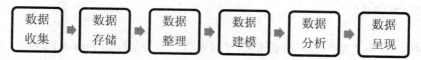

图 1-1 数据分析的一般流程

1.1.3 数据的表示和存储

按照数据结构化的程度可将数据分为 3 类：①结构化数据；②非结构化数据；③半结构化数据。这 3 类数据的存储方式是不同的。

结构化数据是指用二维表表示的数据，其具有固定的符合关系数据库要求的数据模型结构。例如，一个企业所有员工的基本信息（工号、姓名、性别、出生日期、文化程度、入职日期等）就可以组织在一个二维表中，表格的第 1 行是标题行，从第 2 行开始每行记录一个员工的基本信息；表格的每一列称为字段（属性），一个字段中的所有数据都属于相同的类型。结构化数据可存储在传统关系数据库（如 Access、MySQL、Oracle）中，也可存储在 Excel 文件中。

非结构化数据是指没有固定结构的数据，包括文本、图形、图像、音频、视频等形式。这类数据可存储在文件中或非关系数据库（如 NoSQL、MongoDB）中。

半结构化数据是介于结构化数据和非结构化数据之间的数据，这种数据不符合关系数据库要求的数据模型结构，但包含了用于分隔语义元素及对记录和字段进行分层的相关标记，因此经过适当的转换和处理后，它可以变为结构化数据。例如，HTML 文档（网页）就是一种半结构化数据。存储半结构化数据有两种方式：一种是将其转换为结构化数据后存储到传统关系数据库中；另一种是将其转换为 XML 格式的数据后存储到支持 XML 格式数据的关系数据库中。

1.1.4 数据分析与数据思维

通常意义上的思维是指人类大脑以感知为基础并超越感知的认知活动。人类思考的过程就是探索和发现客观事物之间的本质联系和发展变化规律的过程。

数据思维是一种量化的逻辑思维模式。数据思维的特点是通过分析和对比来源于客观事物及与其具有相互关系的数据，发现隐藏在数据中的事物之间的联系和规律后，对事物做出判断、推理及决策。另一种思维模式是经验思维，其特点是依据个人经验和常识对事物做出判断和决策。

以一个现代化企业为例。在当今的互联网时代，企业的竞争对手越来越多，所面临的外部环境也越来越复杂，企业的领导者和决策者如果仍然依靠经验思维管理企业，则难以提升企业的竞争力，甚至有可能会做出错误的决策。一个企业在激烈的市场竞争中想要求得生存和发展，应当运用数据思维对企业进行数据化管理。数据思维的基础是数据分析。对企业的数据做分析不仅需要从事数据分析的专业人员，还需要合适的数据分析工具，如 Power BI。

1.2 Power BI 简介

Power BI 是一个完整的数据分析和报表创建软件，其全称为 Power Business Intelligence，Business Intelligence 意为"商业智能"。

商业智能是指从许多不同的系统中获取企业及其所在行业的数据，再对数据进行清洗以保证其正确性，经过抽取和转换将数据加载到企业级数据库里；之后用查询分析和数据挖掘等工具对数据库里的数据进行分析和处理，从中挖掘出有用的信息与知识，向管理者提供决策建议，以达到增加企业利润、提升企业竞争力的目的。

传统的商业智能通常由企业中专门从事数据分析的技术人员完成。随着数据量不断增加，数据分析的成本也不断增加，仅仅依靠专业数据分析人员做数据处理和分析已不能满足企业发展的需要，因此自助式商业智能软件便应运而生。微软公司开发的 Power BI 便是一款自助式商业智能软件。

Power BI 的前身是 Excel。2010 年微软公司推出了 Excel 2010，同期推出了一个名为 Power Pivot 的插件。用户可免费下载 Power Pivot 插件并加载到 Excel 2010 中使用。2013 年微软公司在推出 Excel 2013 时又推出了 Power Query、Power View 和 Power Map 插件供用户免费下载并加载到 Excel 中使用。这些插件极大地扩展了 Excel 在数据处理、数据分析和数据呈现方面的功能，使 Excel 从一个传统的电子表格处理软件变为商业智能软件。此后微软公司将上述 4 个插件整合在一起，于 2015 年正式推出了 Power BI Desktop。Excel 2016 和 Excel 2019 推出时，Power Query、Power Pivot、Power View 和 Power Map 已预先安装到 Excel 里，用户不需要再下载和安装插件，只要在加载项里激活这些插件便可以在 Excel 里直接使用。

与其他数据分析和报表创建软件相比，Power BI 具有以下优势。

（1）可连接数十个数据源以导入数据并使这些数据具有正确的格式。数据源包括 Excel 工作簿、文本文件、JSON 文件、Access 数据库、SQL Server 数据库等。

（2）可快速对数据进行清洗和整理。

（3）可通过建立数据模型使数据之间具有关联关系，以实现数据的统计和分析。

（4）可用数据分析的结果制作丰富的视觉对象并发布到云服务器。用户登录 Power BI 云服务账户后便可在网页上浏览报表并与其他用户互动，用户还可以用手机等移动设备浏览报表。

（5）可导出 PPT 等格式的文档。

（6）Power BI Desktop 每月都会更新，每次更新时会解决之前版本中存在的问题，改进已有功能并增加新的功能。

1.2.1 Power BI 的基本构成

Power BI 包括本地桌面版（Power BI Desktop）、网页服务版（Power BI Service）和移动版（Power BI App）。

Power BI Desktop 是在本地计算机中运行的数据分析和报表创建软件，擅长处理数据及创建报表，主要用于对原始数据进行清洗和整理、建立数据表之间的关系、建立可视化报表、将报表发布到 Power BI Service。

Power BI Service 是基于云服务的 SaaS（Software as a Service，软件即服务），提供数据

共享和协作功能，其用户之间可以协作或互动（如分享报表和仪表板、评论、制作书签等）。没有 Power BI Pro 许可证的用户登录 Power BI Service 账户后只能访问"我的工作区"；拥有 Power BI Pro 许可证的用户登录 Power BI Service 账户后可访问所有内容，并可与他人协作或互动。

Power BI App 是一款在 iOS 或 Android 平台的手机或平板电脑里运行的免费软件，用户运行该软件并登录 Power BI 账户后，在"我的工作区"中可查看报表和仪表板。

Power BI Desktop 和 Power BI Service 的功能如表 1-1 所示。

表 1-1　　　　　　　　Power BI Desktop 和 Power BI Service 功能一览表

功能	Power BI Desktop	Power BI Service
获取数据源	很多	一部分
数据处理（清洗、转换等）	√	×
数据定型与建模	√	×
度量数据值	√	×
计算列	√	×
应用 Python、机器学习等算法	√	×
主题	√	×
行级别安全性（RLS）的创建	√	×
RLS 的管理	×	√
制作仪表板	×	√
应用和工作区	×	√
共享报表和仪表板	×	√
创建数据流	×	√
支持分页报表	×	√
连接数据网关	×	√
制作报表	√	√
可视化效果	√	√
安全性管理	√	√
筛选器	√	√
书签	√	√
问与答	√	√
R 视觉对象	√	√

使用 Power BI 的一般流程（见图 1-2）：在 Power BI Desktop 中导入、分析和处理数据，创建报表并将报表发布到 Power BI Service；在 Power BI Service 中共享报表，再创建并共享仪表板；在 Power BI App 中浏览报表和仪表板。

图 1-2　Power BI 数据分析一般流程

用户具体使用 Power BI 的哪一部分是由其角色决定的。以一个企业为例，数据分析师通常用办公室计算机中安装的 Power BI Desktop 从多种数据源中获取与企业有关的各类数据，再对数据进行处理和分析，用分析结果制作视觉效果丰富的报表，并将报表发布到 Power BI Service；管理者及一线员工通常使用办公室计算机中安装的浏览器登录 Power BI 账户查看数据分析师发布的报表、制作仪表板、与他人互动等；销售员则主要使用手机上的 Power BI App 登录 Power BI 账户，然后浏览 Power BI Service 中的报表和仪表板，随时了解企业产品的销售进度等业务状况。如果某个员工同时扮演了多个角色，那么他会在不同的时间段使用 Power BI 的不同部分。

微软公司为 Power BI 用户提供了以下 3 种授权服务。

（1）Power BI Free（免费）。任何人只要注册 Power BI Free 账户就可使用 Power BI Desktop 和 Power BI App，还可以登录 Power BI Service。Power BI Free 的用户除了不能在 Power BI Service 里将报表和仪表板分享给其他 Power BI 用户外，可使用 Power BI 的其他所有功能。

（2）Power BI Pro（收费）。微软公司每月收取每个 Power BI Pro 账户一定的费用（目前可免费试用 60 天）。Power BI Pro 的用户除了能使用 Power BI 的所有功能外，还可以在 Power BI Service 上将报表和仪表板分享给其他 Power BI Pro 用户。

（3）Power BI Premium（收费）。这类账户除了具有 Power BI Pro 的所有功能外，还享受一些额外服务，用户付费后以套餐形式得到服务。

用户通过以上 3 种授权服务可以无差别地使用 Power BI Desktop 和 Power BI App，它们的不同之处主要体现在 Power BI Service 的使用上，如表 1-2 所示。

表 1-2 　　　　　　　　　　Power BI 3 种授权服务的功能

功能描述	Power BI Free	Power BI Pro	Power BI Premium
将报表发布到 Power BI 的在线服务器	√	√	√
将报表发布到 Power BI 的本地服务器	×	√	√
单个数据集的最大容量	1GB	1GB	1GB
最大数据存储容量	10GB/人	10GB/人	100TB/P
最大数据流量	100 万行/小时	100 万行/小时	不限
数据刷新的最高频率	8 次/天	8 次/天	48 次/天
连接所有 Power BI 支持的数据源	√	√	√
自定义交互式报表	√	√	√
使用自定义视觉对象	√	√	√
使用第三方应用	√	√	√
使用"问答"功能快速创建报表	√	√	√
导出到 PPT、Excel 和 CSV 文件	√	√	√
使用"在 Excel 中分析"	×	√	√
使用"Power BI Service 活动连接"	×	√	√
按用户角色设定其可访问的报表数据	×	√	√
使用微软公司或第三方开发的 Power BI 应用（App）快速连接数据源并获得分析报表	×		√

续表

功能描述	Power BI Free	Power BI Pro	Power BI Premium
订阅电子邮件	×	√	√
向公网发布数据表单	√	√	√
向其他拥有 Power BI Pro 许可证的用户共享报表	×	√	√
向没有 Power BI 授权的用户发布只读类型的应用报表	×	×	√
查看他人共享的报表	×	√	√
查看报表分析数据	×	√	√

下面简要介绍 Power BI 中的几类对象。

1. 数据集（Dataset）

数据集是指在 Power BI 中做数据处理和分析，以及在报表或仪表板上创建视觉对象时的数据集合。数据集来自数据源，Power BI 支持的数据源包括文件、Web 网页、数据库等多种类型。

2. 视觉对象（Visual）

视觉对象是指在报表或仪表板上呈现数据时使用的可视化表现形式（图表、图形、表格、地图等）。图 1-3 是 Power BI Desktop 预安装的视觉对象。

Power BI 不仅提供了丰富的视觉对象，还经常更新和增加视觉对象。用户除了可以使用 Power BI 预安装的视觉对象外，还可以从微软应用商店或文件中导入自定义视觉对象到 Power BI 中使用。

图 1-3 Power BI Desktop 预安装的视觉对象

3. 报表（Report）

报表是各种视觉对象的集合。一个报表可以包含一个页面或多个页面，每个页面都可以包含多个不同类型的视觉对象。例如，图 1-4 所示的报表包含了两个页面，当前显示的是其中一个页面，该页面有 7 个视觉对象，另一个页面也包含了若干个视觉对象。

创建报表时使用的数据通常来自一个数据集中的多个数据表，一个数据集也可用于创建多个报表。报表既可以在 Power BI Desktop 中创建，也可以在 Power BI Service 中创建，但不能在 Power BI App 中创建。

4. 仪表板（Dashboard）

仪表板与报表类似，也包含了各种类型的视觉对象（见图 1-5）。仪表板与报表的不同之处主要有以下几点。

（1）仪表板只能在 Power BI Service 中创建并分享。在 Power BI Desktop 和 Power BI App 中都不能创建仪表板。

（2）一个报表可以有多个页面，一个仪表板只有一个页面。

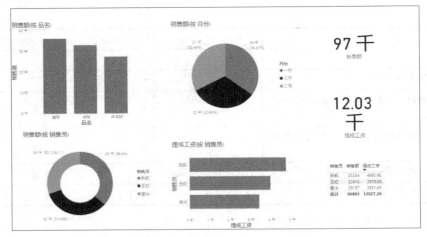

图 1-4　在 Power BI Desktop 中制作的报表

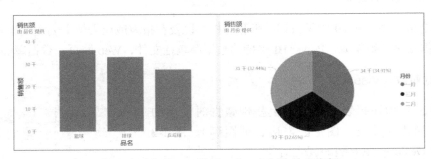

图 1-5　在 Power BI Service 中制作的仪表板

（3）可以从一个报表的同一个页面或不同页面中选择若干个视觉对象放在一个仪表板上，也可以从不同报表中选择若干个视觉对象放在一个仪表板上。

1.2.2　数据处理组件 Power Query

Power Query 主要用于获取数据和整理数据。Power Query 具有强大的获取外部数据并对数据做预处理的能力，能为后续用 Power Pivot 做数据分析及用 Power View 做数据可视化做好准备。

Power Query 具有以下功能和特点。

（1）可从多种外部数据源中导入数据并把数据保存到数据表。以数据表为单位对数据做各种处理。数据源可以是 Excel 工作簿、文本文件、网页、各类数据库等。

（2）可完成对数据表中数据的清洗和整理工作。例如，删除无用列，删除包含错误数据的整行数据，删除空行，隔行删除，保留指定行并删除其他行，删除重复项；移动列；快速替换数据，替换错误数据，用相邻单元格中的数据填充空白单元格；排序、筛选、分类汇总数据；将数据表转置（转换行列），反转行；将一列拆分为多列；将多列合并为一列；提取文本；透视和逆透视等。

（3）可添加各种新的数据列。例如，重复列、条件列（通过设置条件得到新列及其中的数据）、索引列、度量列（通过设置公式得到新列及其中的数据）等。

（4）可将多个数据表汇总到一个表中。例如，若两个数据表包含相同的列名，则可用"合并查询"通过单列匹配或多列匹配将一个数据表中指定列的数据添加到另一个数据表中（类似于 Excel 中 VLOOKUP 函数的功能，但合并查询操作比 VLOOKUP 函数更加简单、方便）。如果两个数据表具有相同的列数和列名，则可用"追加查询"将一个表中所有行的数据添加到另一个表的下方。

（5）分析列可发现并处理导入的数据中可能存在的质量问题。例如，用"列质量"检测数据表中的有效值、错误值和空值，并在含有错误值或空值的列上显示醒目标识以提醒用户；用户可选择对检测出的错误值和空值的处理方式（如删除包含错误值或空值的所有行）。

（6）可用 M 语言完成复杂的数据处理工作。

传统的 Excel 也有数据处理功能。与 Excel 相比 Power Query 的优势在于：①处理的数据量更大；②能自动记录用户的每一步操作，便于用户直观地了解对现有数据源已经做过的操作并随时调整或改变之前做过的某些操作；③如果更改了数据源，则用户不需要手动做重复的操作，Power Query 会自动将所记录的操作应用于新的数据源，从而大大提高工作效率；④增加了一些 Excel 没有的操作和一些 Excel 虽然有但实现起来很烦琐的操作。

1.2.3 数据分析组件 Power Pivot

Power Pivot 主要用于完成数据建模和数据分析工作，是 Power BI 的"灵魂"。使用过 Excel 的用户都知道 Excel 可以建立数据透视表（Pivot Table）。从 Power Pivot 这个名称就可以看出它是 Pivot Table 的加强版。

Power Pivot 具有以下功能和特点。

（1）以数据模型为单位做数据分析。可将 Power Query 生成的查询表作为数据模型，也可从多种数据源中导入数据并将数据保存到数据模型。

（2）可在各个数据模型之间建立关系，生成多维的数据模型。

（3）对数据模型中的行数没有限制，可以处理几百万行，甚至上千万行的数据。

（4）用 DAX 函数可完成普通数据透视表无法完成的数据处理和分析任务。DAX 函数与 Excel 函数在语法上有相似之处。

1.2.4 数据可视化组件 Power View

Power View 主要用于完成数据可视化工作。用 Power View 可以建立图表、图形、地图等视觉对象来呈现数据，并且可将多个视觉对象组织在一个报表中。Power View 中用于实现数据可视化的图表包括饼图、柱形图、条形图、折线图、散点图和气泡图等。一个图表可以包含多个数值字段和多个系列。设计图表时，可以选择显示或隐藏标签、图例和标题。用 Power View 建立的图表是交互式图表，当用户浏览报表时，若单击图表中的某个图形元素，则该元素对应的数值会突出显示。

1.2.5 Power BI 与其他软件的集成

Excel 2016、Excel 2019 已包含了 Power BI 的四大组件（Power Query、Power Pivot、Power View、Power Map）。在 Excel 2016、Excel 2019 主界面的功能区的"数据"选项卡里已包含 Power Query 按钮，但在 Excel 2016、Excel 2019 主界面中默认不显示 Power Pivot、

Power View 和 Power Map 按钮。用户如需使用这 3 个组件，则需要手动将其对应的按钮加载到主界面的功能区里。手动添加 Power Pivot、Power View 和 Power Map 按钮到 Excel 2016、Excel 2019 主界面的步骤如下：打开 Excel 2016（Excel 2019），选择"文件"菜单中的"选项"选项，单击左侧列表中的"加载项"选项，出现图 1-6 所示的界面，在底部的"管理"下拉列表中选择"COM 加载项"选项，单击"转到"按钮，出现图 1-7 所示的"COM 加载项"对话框，勾选其中需要加载的组件名称（如勾选"Microsoft Power Pivot for Excel"复选框），单击"确定"按钮，Excel 主界面的功能区中会出现图 1-8 所示的组件选项卡。

图 1-6　"Excel 选项"对话框

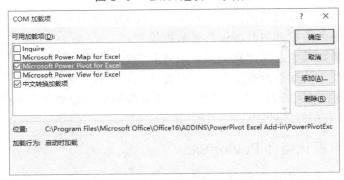

图 1-7　"COM 加载项"对话框

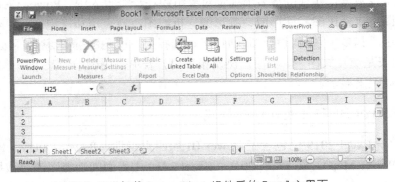

图 1-8　加载 Power Pivot 组件后的 Excel 主界面

早期的 Excel 版本（如 Excel 2010、Excel 2013 等）未集成上述的 Power BI 组件。如果用户仍在使用这些版本的 Excel 并想使用上述的 Power BI 组件，则需从微软公司官网下载并加载对应插件到 Excel 中。

下面以 Excel 2010 为例介绍下载并加载 Power Pivot for Excel 插件的操作步骤。

在浏览器地址栏中输入 Power Pivot for Excel 官网下载地址并按 Enter 键，出现图 1-9 所示的页面，选择语言并单击"下载"按钮，出现图 1-10 所示的页面，根据本地计算机已安装的 Excel 版本选择下载程序。

图 1-9 选择语言

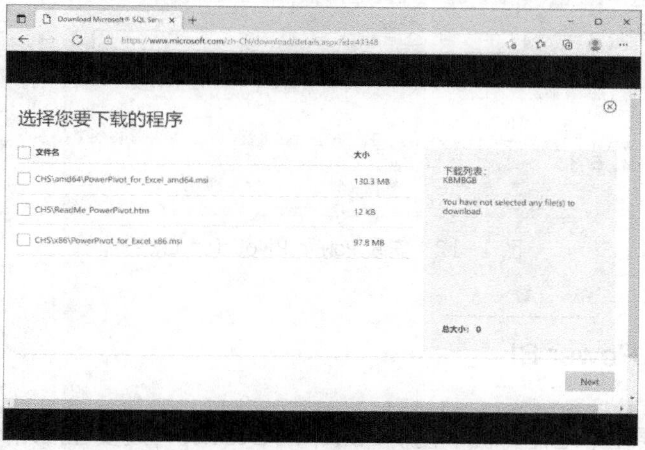

图 1-10 选择下载版本

如果本地计算机安装的 Excel 是 32 位的，则勾选"CHS\x86\PowerPivot_for_Excel_x86.msi"复选框，如果是 64 位的，则勾选"CHS\amd64\PowerPivot_for_Excel_amd64.msi"复选框，之后单击"Next"按钮开始下载。

若不清楚计算机中已安装的 Excel 版本是 32 位的还是 64 位的，则可打开 Excel 并在"文件"菜单中选择"帮助"选项，在图 1-11 所示的界面中查看 Excel 版本信息。

插件下载完成后，在本地计算机中运行 Power Pivot 插件安装程序（例如，如果 Excel 是 64 位的，则运行 PowerPivot_for_Excel_amd64.msi），按照安装向导的指示完成每步操作。

图 1-11 Excel 版本信息

打开 Excel 2010，选择"文件"菜单中的"选项"选项，单击左侧列表中的"加载项"选项，出现图 1-6 所示的对话框，在底部的"管理"下拉列表中选择"COM 加载项"选项，单击"转到"按钮，出现图 1-12 所示的"COM 加载项"对话框，勾选"PowePivot for Excel"复选框，单击"确定"按钮完成 Power Pivot 组件的加载。

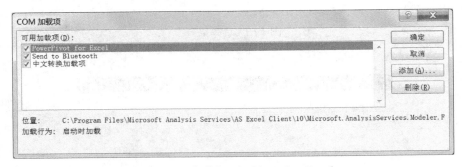

图 1-12 安装 Power Pivot for Excel

1.3 安装与使用 Power BI

如果用户不仅要在本地计算机中使用 Power BI Desktop，还要在网络环境里使用 Power BI Service 和 Power BI App，则需要先注册一个 Power BI 账户（注册步骤将在 1.3.2 小节中介绍）。仅使用 Power BI Desktop 的用户不必注册 Power BI 账户。

1.3.1 下载与安装 Power BI

1. 下载与安装 Power BI Desktop

下载 Power BI Desktop 安装包可登录其官方网址。在浏览器地址栏中输入官方网址并按 Enter 键，出现图 1-13 所示的页面，单击"免费下载"按钮，出现图 1-14 所示的页面。

图 1-13 Power BI Desktop 下载页面

图 1-14 选择语言后下载 Power BI Desktop

选择语言后单击"Download"按钮，出现图 1-15 所示的选择安装程序页面。

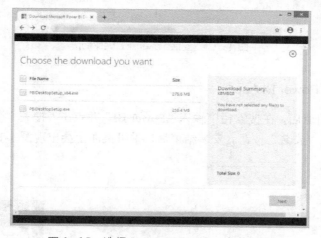

图 1-15 选择 Power BI Desktop 安装程序

根据当前计算机中运行的 Windows 系统的版本在图 1-15 所示的页面中选择一个安装包（若 Windows 系统是 32 位的，则勾选"PBIDesktopSetup.exe"复选框，若是 64 位的，则勾选"PBIDesktopSetup_x64.exe"复选框），单击"Next"按钮开始下载。

如果不确定当前计算机中运行的 Windows 系统是 32 位的还是 64 位的，则可通过以下步骤查看：打开"控制面板"，单击"系统和安全"超链接，再单击"系统"超链接，显示 Windows 系统的版本信息，如图 1-16 所示。

图 1-16 Windows 系统的版本信息

下面以 64 位的 Windows 系统为例介绍 Power BI Desktop 的安装步骤。

运行安装程序"PBIDesktopSetup_x64.exe"，出现图 1-17 所示的界面后单击"下一步"按钮，按照安装程序的指引操作直至完成安装。

图 1-17　安装 Power BI Desktop

2．下载与安装 Power BI App

打开手机的应用商店，在搜索栏中输入"Power BI"并点击"搜索"按钮，若出现图 1-18 所示的界面，则点击"安装"按钮。安装结束后，手机桌面上会出现图 1-19 所示的 App 图标。

图 1-18　在手机上安装 Power BI App

图 1-19　Power BI App 图标

1.3.2　Power BI Desktop 的界面与基本操作

1．注册 Power BI 账户

Power BI Desktop 的界面与基本操作

第一次在本地计算机中运行 Power BI Desktop 时会出现图 1-20 所示的界面，单击"登录"按钮，将出现图 1-21 所示的登录界面。如果用户此时还没有 Power BI 账户，则可以立即注册一个。

注册 Power BI 账户的步骤如下。在图 1-21 所示的界面中单击"需要一个 Power BI 账户？免费试用"，出现图 1-22 所示的注册界面。在注册界面中输入工作单位或学校的电子邮箱地址作为 Power BI 账户名（不支持电子邮件服务提供商提供的邮箱地址，如 QQ、163 等邮箱地址均不能用于注册 Power BI 账户），单击"注册"，出现图 1-23 所示的"你的电子邮件地址是否是由公司提供？"对话框；单击"是"右侧的箭头，出现图 1-24 所示的"创建你的账户"对话框，在其中输入姓名、登录密码及验证码（Power BI 已发送验证码到注册时填写的电子邮箱中），最后单击"开始"右侧的箭头，等待注册完成。

图 1-20 运行 Power BI Desktop

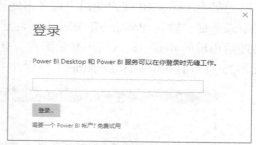

图 1-21 登录/注册 Power BI 账户

图 1-22 注册 Power BI 账户

你的电子邮件地址是否是由公司提供？

Microsoft Power BI 旨在由公司内的人员使用，因此使用 地址注册的其他人可能会看到你的电子邮件地址。如果你的电子邮件地址不是由公司提供给你的，请务必不要将它用于 Microsoft Power BI。不得使用免费服务（如 outlook.com）或共享电子邮件服务提供商提供的地址。

是 ➔

否，我将使用其他电子邮件地址 ➔

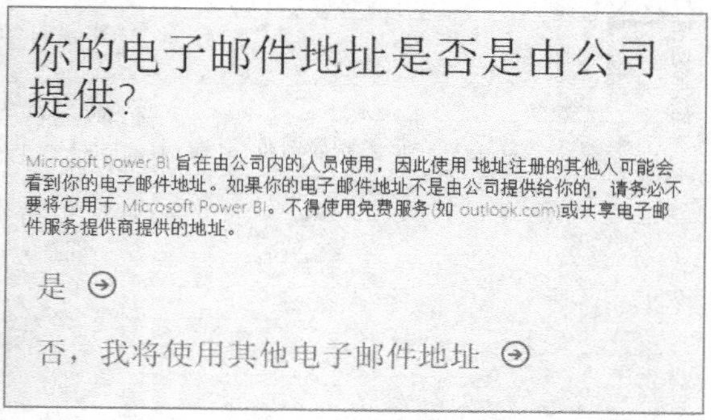

图 1-23 "你的电子邮件地址是否是由
公司提供？"对话框

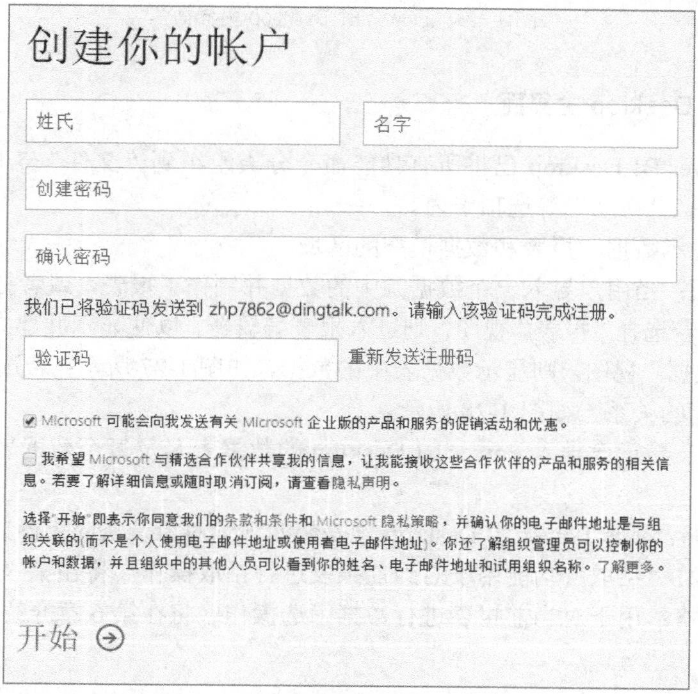

创建你的帐户

| 姓氏 | 名字 |

创建密码

确认密码

我们已将验证码发送到 zhp7862@dingtalk.com。请输入该验证码完成注册。

| 验证码 | 重新发送注册码 |

☑ Microsoft 可能会向我发送有关 Microsoft 企业版的产品和服务的促销活动和优惠。

☐ 我希望 Microsoft 与精选合作伙伴共享我的信息，让我能接收这些合作伙伴的产品和服务的相关信息。若要了解详细信息或随时取消订阅，请查看隐私声明。

选择"开始"即表示你同意我们的条款和条件和 Microsoft 隐私策略，并确认你的电子邮件地址是与组织关联的（而不是个人使用电子邮件地址或使用者电子邮件地址）。你还了解组织管理员可以控制你的帐户和数据，并且组织中的其他人员可以看到你的姓名、电子邮件地址和试用组织名称。了解更多。

开始 ➔

图 1-24 "创建你的账户"对话框

2. 登录 Power BI 账户

已拥有 Power BI 账户的用户可在本地计算机中运行 Power BI Desktop，出现图 1-21 所示的登录界面，输入 Power BI 账户名（注册时填写的电子邮箱地址）并单击"登录"按钮，在随后出现的界面中输入密码登录账户。登录成功后将出现欢迎界面，关闭欢迎界面将出现图 1-25 所示的 Power BI Desktop 主界面。

图 1-25　Power BI Desktop 主界面

3. Power BI Desktop 主界面

功能区：Power BI Desktop 已将所有功能命令分类组织到"文件"菜单和"主页""插入""建模""视图""帮助"等选项卡内。

报表画布：显示数据、报表和数据模型的区域。

视图切换按钮：当用户导入一个数据源中的数据并制作了报表，或者打开一个 Power BI 文件（.pbix）后，若选择"报表"视图，则进入报表编辑器，以便显示并建立报表，如图 1-26 所示；若选择"数据"视图，则显示数据表中的数据，如图 1-27 所示；若选择"模型"视图，则显示数据表之间的关系，如图 1-28 所示。

"字段"窗格：显示已导入 Power BI Desktop 的数据表名及每个数据表包含的所有字段名称。

"可视化"窗格：显示 Power BI Desktop 预安装的视觉对象及从应用商店等外部来源导入的自定义视觉对象；"钻取"功能用于对当前报表进行钻取操作（将在第 6 章介绍）。

"筛选器"窗格：用于对当前报表进行数据筛选操作（将在第 6 章介绍）。

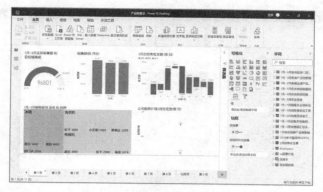

图 1-26 "报表"视图

图 1-27 "数据"视图

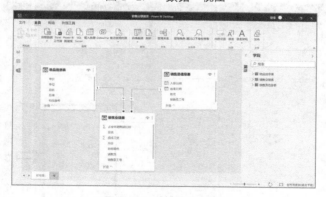

图 1-28 "模型"视图

4. Power BI Desktop 的基本操作

（1）导入数据。

Power BI Desktop 支持从几十个数据源中导入数据。从 Excel 文件、文本文件、JSON 文件及数据库中导入数据的具体步骤将在第 2 章介绍。

将数据导入 Power BI Desktop 后，在 Power BI Desktop 主界面的"字段"窗格中会显示所有已导入的数据表的名称及每个数据表包含的所有字段名称，在"数据"视图中可查看每个数据表包含的全部数据，如图 1-29 所示。

17

图 1-29　已导入 Power BI 的数据表

（2）管理数据表。

在 Power BI Desktop 中除了可以对已导入的数据表进行复制、删除、重命名等常规操作外，还可以进行"新建度量值""新建列""刷新数据""编辑查询""管理聚合"等操作。例如，要删除某个数据表，单击"字段"窗格中该数据表名称右侧的"..."，出现图 1-30 所示的数据表操作命令列表，选择其中的"从模型中删除"选项，可将该数据表从 Power BI Desktop 中删除。

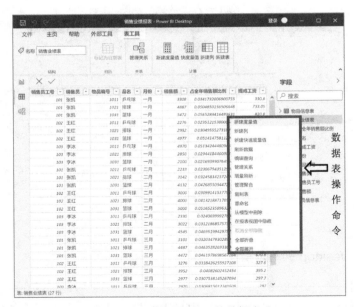

图 1-30　管理已导入的数据表

（3）建立数据模型。

单击 Power BI Desktop 主界面"主页"选项卡中的"管理关系"按钮，出现"管理关系"对话框，单击"自动检测"按钮，Power BI 将自动查找数据表之间的关系，如图 1-31 所示。

此外，还可以手动新建、编辑、删除各个数据表之间的关系。切换到"模型"视图可以直观地看到各数据表之间的关系，如图 1-28 所示。

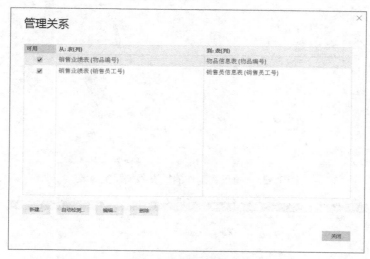

图 1-31 自动检测数据表之间的关系

（4）制作报表。

在 Power BI Desktop 主界面的"字段"窗格中选择用于制作报表的数据表，展开该数据表的字段，如图 1-32 所示。例如，选择"销售业绩表"并展开其字段，在"报表"视图中单击"可视化"窗格中的某个视觉对象（如簇状柱形图），在"字段"窗格中勾选数据表中的字段（如勾选"品名"和"销售额"字段），在报表画布中出现一个包含所选视觉对象的磁贴，如图 1-33 所示，采用拖放操作可调整该磁贴的位置和大小。依此操作继续添加其他视觉对象（如饼图、环形图、簇状条形图、卡片图、表），最终完成报表第 1 页的制作，如图 1-34 所示。可为该报表添加新的页面并依照上述步骤制作报表的其他页面。单击 Power BI Desktop 主界面标题栏左侧的"保存"按钮，保存已制作完成的报表。

图 1-32 选择制作报表的数据表

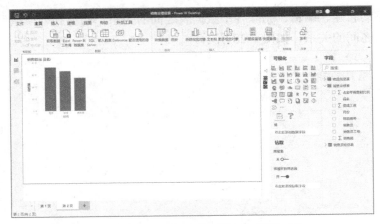

图 1-33　向正在制作的报表添加视觉对象

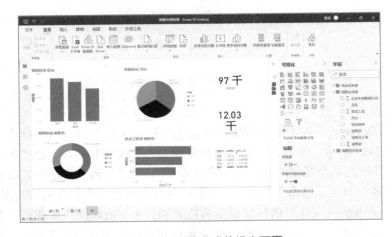

图 1-34　制作完成的报表页面

（5）发布报表到 Power BI Service。

单击 Power BI Desktop 主界面"主页"选项卡中的"发布"按钮（见图 1-35），在"发布到 Power BI"对话框中选择"我的工作区"选项并单击"选择"按钮（见图 1-36），若出现"发布成功"提示，则表示该报表已成功上传到了云服务器，登录网页版或移动版 Power BI 可查看该报表。

（6）保存数据表和报表到 Power BI 文件中。

在 Power BI Desktop 主界面的"文件"菜单中选择"保存"或"另存为"选项，将当前导入 Power BI Desktop 的数据表及用这些数据表制作的报表保存到扩展名为".pbix"的 Power BI 文件中（见图 1-37）。

图 1-35　发布报表

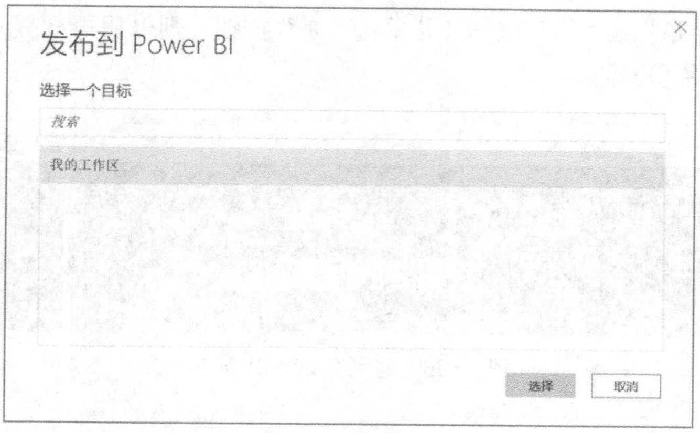

图 1-36 选择发布到 Power BI Service 的位置

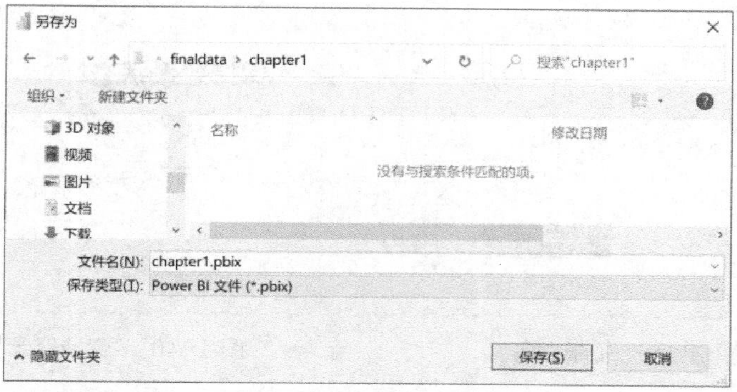

图 1-37 保存数据表和报表到 Power BI 文件中

（7）注销 Power BI 账户。

选择 Power BI Desktop 主界面"文件"菜单中的"注销"选项即可退出当前账户。若需要重新登录，则选择"文件"菜单中的"登录"选项。

1.3.3 Power BI Service 的界面与基本操作

Power BI Service 的界面与基本操作

Power BI Service 是微软公司提供的在线云服务。用户在已连入互联网的任意一台计算机上打开浏览器并登录自己的 Power BI 账户后，即可查看该账户在 Power BI Desktop 中制作并发布到 Power BI Service 的所有报表。此外，还可以在 Power BI Service 中导入新数据或上传 Excel 文件、建立新报表、建立仪表板。具有 Power BI Pro 许可证的用户还能将报表和仪表板分享给其他具有 Power BI Pro 许可证的用户并与其协同工作。

1. 登录 Power BI 账户

在浏览器地址栏中输入 https://powerbi.microsoft.com/zh-cn/，按 Enter 键，浏览器窗口中将出现图 1-38 所示的页面（建议用 IE 浏览器或 Chrome 浏览器），单击"Power BI 服务"，出现图 1-39 所示的登录页面，在其中输入账户名（邮箱地址或电话）并单击"下一步"按钮。在随后出现的页面中输入账户密码并单击"登录"按钮，将出现图 1-40 所示的"保持登录状态"页面，可单击"是"或"否"按钮（若单击"是"按钮，则以后再次登录 Power BI Service 时不需要输入账户名和密码）。

图 1-38　登录 Power BI 账户

图 1-39　输入 Power BI 账户名

图 1-40　"保持登录状态？"页面

2．"我的工作区"页面及基本操作

账户登录成功后，浏览器窗口将显示 Power BI Service 页面，单击左侧导航面板中的"我的工作区"，将出现"我的工作区"页面，如图 1-41 所示。

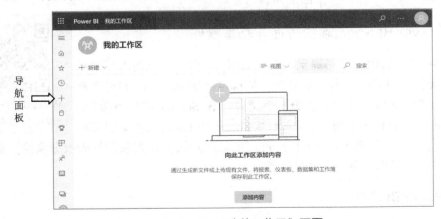

图 1-41　"我的工作区"页面

"我的工作区"页面是 Power BI 用户的个人工作空间，只有用户本人才能访问。在这个空间里，用户可以导入数据、创建新报表、创建仪表板、管理报表和仪表板、将报表和仪表板分享给其他 Power BI 用户。

"我的工作区"页面提供以下 4 个主要功能。

- 仪表板：显示并管理所有仪表板。
- 报表：显示并管理所有报表。
- 工作簿（Workbook）：显示并管理所有上传的 Excel 文件。
- 数据集：显示并管理所有导入的数据集。

在"我的工作区"页面中可以完成以下基本操作。

（1）导入数据。

进入"我的工作区"页面，选择导航面板下方的"获取数据"选项，出现图 1-42 所示的页面，单击"文件"中的"获取"按钮，出现图 1-43 所示的页面，单击"本地文件"按钮并在"打开"对话框中选择本地计算机中的一个数据文件。Power BI Service 只可导入 3 种类型的数据文件：Microsoft Excel（.xlsx 或 .xlsm）文件、Power BI Desktop（.pbix）文件、用逗号分隔数据的文本文件（.csv）。

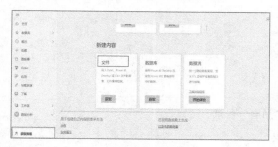

图 1-42　获取数据（1）

图 1-43　获取数据（2）

选择一个 Excel 文件后出现图 1-44 所示的页面。这时有两个选择："导入"和"上载"。如果选择"将 Excel 数据导入 Power BI"选项，则将 Excel 文件中活动工作表中的数据导入 Power BI Service 中，它们将作为一个数据源出现在"数据集"目录中；如果选择"将您的 Excel 文件上载到 Power BI"选项，则将本地计算机中的 Excel 文件上传到 Power BI Service 中，它将出现在"工作簿"目录里。回到主页面，单击"数据集"选项卡便会看到刚导入的数据集。

图 1-44　从 Excel 文件获取数据

（2）管理报表。

"我的工作区"页面的"所有"目录中将显示所有报表的名称、可做的操作及所有者名称。若要查看某个报表的内容，则单击该报表名称；若要操作某个报表，则单击报表名称右侧"操作"栏中的相关按钮。也可以通过"新建"菜单中的"报表"选项创建新的报表。

对每个报表可做以下操作：共享（需有 Power BI Pro 许可证）、在 Excel 中分析、快速见解、查看世系、设置、删除、保存为副本等。

（3）创建仪表板。

在 Power BI Service 中创建仪表板时，可以用 Power BI Desktop 共享的报表中的视觉对象创建仪表板；也可以用导入 Power BI Service 中的数据先创建报表，再用新建报表中的视觉对象创建仪表板。

用 Power BI Desktop 共享的报表创建仪表板的操作步骤如下。

打开"我的工作区"页面，选择"所有"目录，如图 1-45 所示，打开用于创建仪表板的报表，如图 1-46 所示。

图 1-45　选择"所有"目录

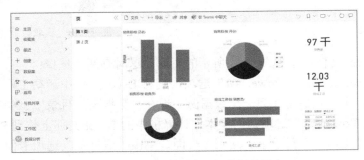

图 1-46　打开用于创建仪表板的报表

将鼠标指针移到报表中的某个视觉对象上，再单击鼠标指针所在视觉对象上方的"固定视觉对象"按钮，将所选的视觉对象固定到仪表板上，如图 1-47 所示。

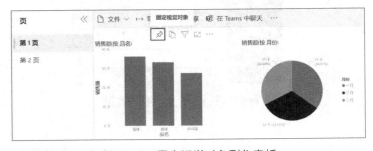

图 1-47　固定视觉对象到仪表板

如果"所有"目录里没有仪表板，则出现图 1-48 所示的"固定到仪表板"对话框（其中的"现有仪表板"单选项不可用），此时输入新建仪表板的名称并单击"固定"按钮。

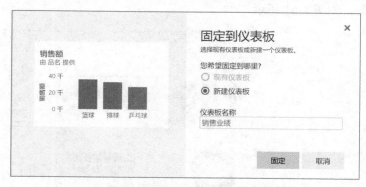

图 1-48 将视觉对象固定到新建仪表板

如果"所有"目录里已有仪表板，则出现图 1-49 所示的"固定到仪表板"对话框（其中的"现有仪表板"单选项可用），此时可选择将视觉对象固定到现有仪表板上或固定到一个新建的仪表板上。

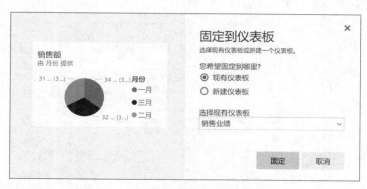

图 1-49 将视觉对象固定到现有仪表板

重复上述操作可将多个报表中的视觉对象固定到仪表板，如图 1-50 所示。

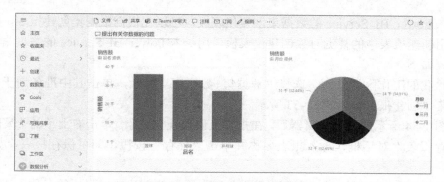

图 1-50 制作完成的仪表板

如果需要将一个报表中的某个页面固定到某个仪表板上，则不必逐个固定视觉对象，可以用"固定到仪表板"功能实现，操作步骤如下。

打开"我的工作区"页面，选择"所有"目录，单击目录中准备用于创建仪表板的报表，进入报表编辑视图，如图 1-51 所示。

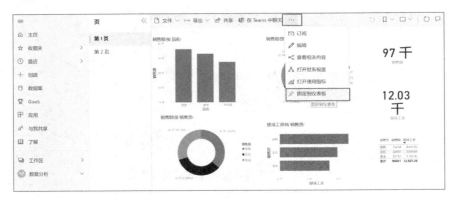

图 1-51　报表编辑视图

单击"固定到仪表板"，出现图 1-52 所示的对话框，选择"新建仪表板"单选项，给新建的仪表板命名后，单击"固定活动页"按钮。

图 1-52　将整个报表页面固定到仪表板

用导入 Power BI Service 的数据集创建仪表板，可以先根据数据集创建报表，然后按照前述方法用新建报表中的视觉对象创建仪表板。用导入 Power BI Service 的数据集创建报表的操作步骤如下。

打开"我的工作区"页面，选择"数据集+数据流"目录，单击其中准备用于创建仪表板的数据集"创建报表"，如图 1-53 所示。

进入图 1-54 所示的报表编辑器后，在报表上创建视觉对象。单击右上角的"保存"按钮，出现"保存报表"对话框，输入报表名称并单击"保存"按钮，即可保存报表，如图 1-55 所示。

在"我的工作区"页面的"所有"目录里可以看到新创建的仪表板的名称。

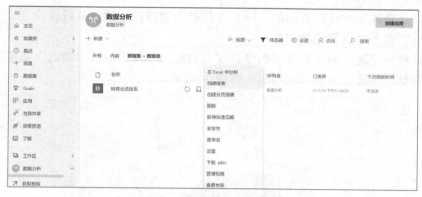

图 1-53　用数据集创建仪表板

图 1-54　建立报表并将视觉对象固定到仪表板

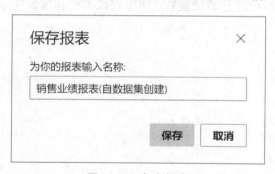

图 1-55　保存报表

（4）管理仪表板。

打开"我的工作区"页面的"所有"目录后将看到所有仪表板的名称、可对仪表板做的操作及所有者名称。若要查看某个仪表板的内容，则单击该仪表板名称；若要操作某个仪表板，则单击"操作"栏中的相关按钮。对每个仪表板可做以下操作：共享、查看使用指标报表、设置、删除、查看世系等。

共享：将仪表板分享给其他用户。

设置：包括修改仪表板名称，设置"允许用户使用自然语言询问有关其数据的问题，并让他们通过数据创建新的视觉对象。"，设置"允许用户在此仪表板上发表评论"等操作。

删除：从"我的工作区"页面的"所有"目录中删除指定的仪表板。

（5）在仪表板上添加其他类型的磁贴。

除了可以将视觉对象固定到仪表板外，在仪表板上还可以通过"编辑"菜单添加以下类型的磁贴：网页、图像、文本、视频等，如图 1-56 所示。

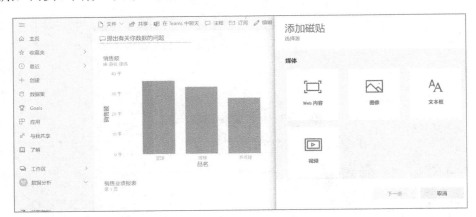

图 1-56　在仪表板上添加其他类型的磁贴

（6）将仪表板和报表共享给其他 Power BI 用户。

共享的前提条件是用户有 Power BI Pro 许可证。如果目前登录的账户没有 Power BI Pro 许可证，则单击"共享"按钮后会出现升级对话框。若选择"免费试用 Pro"选项，则有 60 天的免费试用期，若选择"升级账户"选项，则需购买许可证。

具有 Power BI Pro 许可证后，单击"共享"按钮，弹出"共享仪表板"对话框，如图 1-57 所示，完成共享用户信息的设置后，即可将仪表板和报表共享给其他 Power BI 用户。

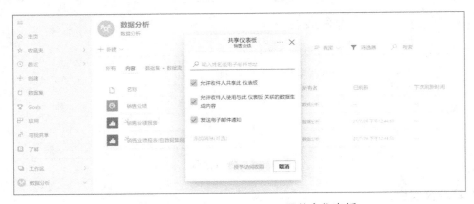

图 1-57　在 Power BI Service 里共享仪表板

3."工作区"页面及基本操作

"工作区"页面是用户之间协同工作及分享内容的空间。只有拥有 Power BI Pro 许可证的用户才可以访问"工作区"页面。

回到 Power BI Service 主页面，单击左侧导航面板中的"工作区"，出现"工作区"页面，单击"创建工作区"按钮，出现图 1-58 所示的"创建工作区"对话框。

图 1-58　在 Power BI Service 中创建工作区

在"创建工作区"对话框中输入工作区名称、设置隐私、添加工作区成员的电子邮件地址（Power BI 账户名），然后单击"保存"按钮。

4．注销 Power BI 账户

从当前登录状态注销时，只需单击 Power BI Service 界面右上角的用户图标按钮，在弹出的菜单中选择"注销"选项即可，如图 1-59 所示。

图 1-59　注销 Power BI 账户

1.3.4　Power BI App 的界面与基本操作

1．登录 Power BI 账户

第一次在手机上运行 Power BI App 时需登录 Power BI 账户，如果退出 App 前没有注销账户，则下次再运行 App 时默认处于登录状态。

登录 Power BI 账户的步骤如下：点击手机桌面上的 Power BI 图标，出现图 1-60（a）所示的界面，点击右上角的"跳过"按钮，出现图 1-60（b）所示的界面，点击"开始浏览"按钮，出现图 1-60（c）所示的界面，点击左上角的"≡"按钮，出现图 1-60（d）所示的界面，点击"连接账户"按钮，出现图 1-60（e）所示的界面，点击"Power BI"按钮，出现图 1-60（f）所示的界面，输入 Power BI 账户名（注册 Power BI 时使用的邮箱地址），并点击"登录"按钮，输入账户密码并点击"登录"按钮，出现图 1-60（g）所示的界面，点击"启用它"按钮，出现图 1-60（h）所示的界面。

（a）界面 1　　　　（b）界面 2　　　　（c）界面 3　　　　（d）界面 4

（e）界面 5　　　　（f）界面 6　　　　（g）界面 7　　　　（h）界面 8

图 1-60　在手机上登录 Power BI 账户

2. 浏览报表和仪表板

在"我的工作区"页面中可查看当前 Power BI 账户在 Power BI Desktop 中发布的报表，以及在 Power BI Service 中创建的报表和仪表板，如图 1-61～图 1-63 所示。

图 1-61 进入"我的工作区"

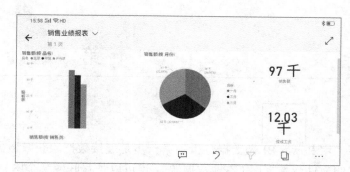

图 1-62 浏览报表

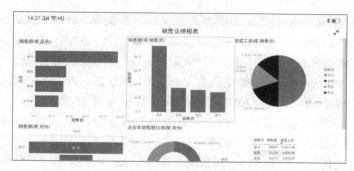

图 1-63 浏览仪表板

练习

1. 下载 Power BI Desktop 安装包,在本地计算机中安装 Power BI Desktop。

2. 注册 Power BI 免费账户并用自己的账户登录 Power BI Desktop。

3. 在手机上安装 Power BI App。

4. 将"ex1_1.xlsx"中的"销售额"数据表导入 Power BI Desktop。用"销售额"数据表制作一个至少包含 3 个视觉对象的报表。将报表发布到 Power BI Service 的"我的工作区"页面中。

5. 在浏览器中进入 Power BI Service 官网,登录自己的 Power BI 账户,在"我的工作区"页面中查看已发布的报表。

6. 在 Power BI Service 中用已发布的报表制作一个至少包含两个视觉对象的仪表板。

7. 运行手机中的 Power BI App 并登录自己的 Power BI 账户,查看已发布的报表和仪表板。

第 **2** 章 数据的获取

用 Power BI 做数据分析的第一步是连接数据源获取数据。数据源可以是本地计算机中存储的文件或数据库（本地数据源），也可以是互联网某个网站中的网页或某个服务器中的数据库（网络数据源）。

Power BI Desktop 可连接的数据源类型包括文件、数据库、Power Platform、Azure、联机服务等几大类。文件数据源有 Excel 文件、文本/CSV 文件、XML 文件、JSON 文件、PDF 文件和文件夹等；数据库数据源有 Access、SQL Server、Oracle、IBM Db2、MySQL、Sybase 等 30 余种数据库；Power Platform 数据源有 Power BI 数据集、Power BI 数据流等；Azure 数据源有 Azure SQL 数据库、Azure Analysis Services 数据库等 10 余种。

Power BI Service 也能连接文件、数据库等类型的数据源，但与 Power BI Desktop 相比，Power BI Service 能连接的数据源要少得多。

本章主要介绍在 Power BI Desktop 和 Power BI Service 中获取常见类型的本地数据源中的数据和网络数据源中数据的方法。

2.1　本地数据源中数据的获取

2.1.1　Excel 文件数据的获取

Power BI Desktop 从 Excel 文件获取数据的操作步骤是：打开主界面功能区中的"主页"选项卡，单击"获取数据"按钮，在图 2-1 所示的"获取数据"对话框中选择"文件"列表中的"Excel 工作簿"选项，并单击"连接"按钮；之后在本地计算机中选择一个 Excel 文件并打开，

Excel 文件数据的
获取

在随后出现的图 2-2 所示的"导航器"对话框中勾选准备导入的 Excel 工作表；单击"加载"按钮，将选定的工作表中的数据全部导入 Power BI Desktop 的内存工作区中。

数据导入完成后，在 Power BI Desktop 主界面的"字段"窗格中可以看到所有已导入的数据表的名称及每个数据表中所有字段的名称。在"数据"视图下可查看每个数据表包含的所有数据，如图 2-3 所示。

图 2-1　"获取数据"对话框

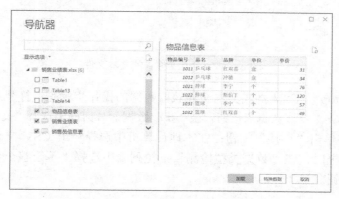

图 2-2　勾选 Excel 工作表

切换到"数据"视图

图 2-3　从 Excel 导入 Power BI Desktop 的数据表

2.1.2　文本文件数据的获取

Power BI Desktop 可从扩展名为.csv 的纯文本文件中导入数据。CSV 文件是以纯文本形式存储表格数据的文件，CSV 的全称为 Comma-Separated-Value（逗号分隔值）。一个 CSV 文件可以包含用回车换行符分隔的若干条记录，每条记录可以包含用逗号分隔的若干个数值，如图 2-4 所示。CSV 文件常用于在程序之间转移表格数据。

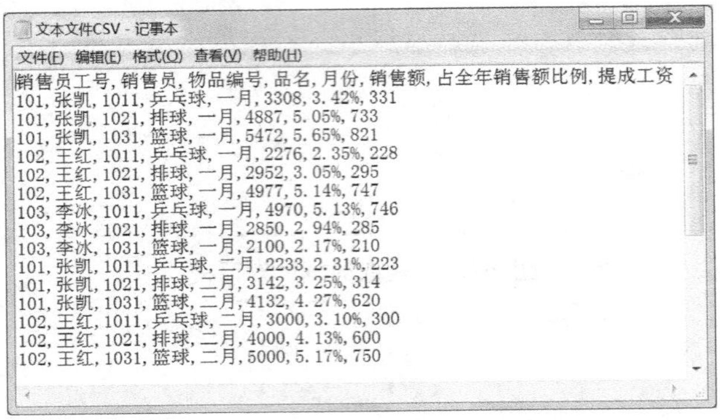

文本文件数据的
获取

图 2-4　一个 CSV 格式的文本文件

Power BI Desktop 从 CSV 格式文本文件获取数据的操作步骤是：打开主界面功能区中的"主页"选项卡，单击"获取数据"按钮，在"获取数据"对话框中选择"文件"列表中的"文本/CSV"选项，并单击"连接"按钮；在本地计算机中选择一个 CSV 文件并打开；当出现图 2-5 所示的对话框时，在"数据类型检测"下拉列表中选择"基于整个数据集"选项，然后单击"加载"按钮。

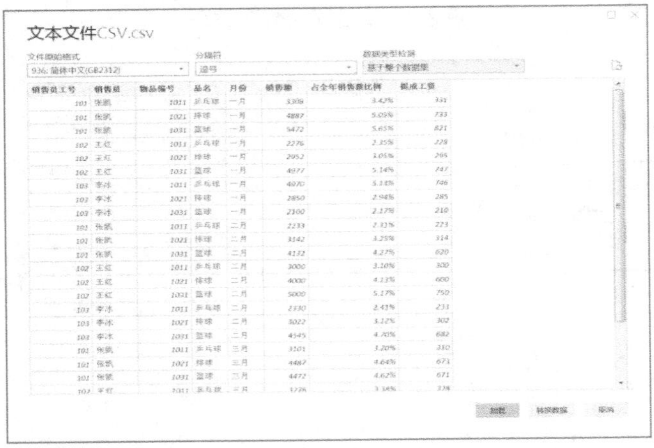

图 2-5　将 CSV 文件中的数据导入 Power BI Desktop

除了可从 CSV 文件获取数据外，Power BI Desktop 还可以从其他格式的文本文件获取数据。

Power BI Desktop 从 TXT 格式的文本文件（见图 2-6）获取数据的操作步骤是：在"获

取数据"对话框中选择"文件"列表中的"文本/CSV"选项,单击"连接"按钮;在本地计算机中选择一个 TXT 文件并打开;当出现图 2-7 所示的对话框时,在"数据类型检测"下拉列表中选择"基于整个数据集"选项,然后单击"加载"按钮。

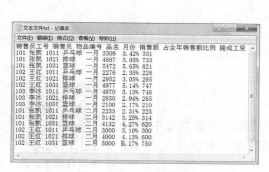

图 2-6 一个 TXT 格式的文本文件

图 2-7 将 TXT 文件中的数据导入 Power BI Desktop

2.1.3 JSON 文件数据的获取

JSON 是一种纯文本数据交换格式,其全称为 JavaScript Object Notation(JavaScript 对象表示法)。JSON 将 JavaScript 对象包含的一组数据全部转换为字符串,以便于在网络中传递和被程序解析成任何类型的数据。与 HTML 和 XML 相比,JSON 的数据格式更加简单灵活。图 2-8 所示的 JSON 文件中存储的是包含 3 条记录的一个列表。

JSON 文件数据的获取

图 2-8 一个 JSON 文件

Power BI Desktop 从 JSON 文件获取数据的操作步骤是:打开主界面功能区中的"主页"选项卡,单击"获取数据"按钮,在"获取数据"对话框中选择"文件"列表中的"JSON"选项,并单击"连接"按钮;在本地计算机中选择一个 JSON 文件并打开,Power BI Desktop 会自动完成将 JSON 文件转换成数据表的处理过程,在"数据"视图下可查看该数据表包含的所有数据,如图 2-9 所示。

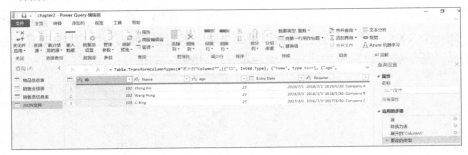

图 2-9　转换 JSON 文件得到的数据表

2.1.4　桌面数据库文件数据的获取

桌面数据库文件
数据的获取

Power BI Desktop 可从目前流行的几乎所有的桌面关系数据库中导入数据。本小节以 Access 数据库为例，介绍将桌面数据库中的数据导入 Power BI Desktop 的操作过程。

打开主界面功能区中的"主页"选项卡，单击"获取数据"按钮，在图 2-10 所示的"获取数据"对话框中选择"数据库"列表中的"Access 数据库"选项，并单击"连接"按钮；在本地计算机中选择一个 Access 数据库文件并打开，在图 2-11 所示的"导航器"对话框中勾选准备导入的表，然后单击"加载"按钮。

图 2-10　"获取数据"对话框

图 2-11　勾选准备从 Access 数据库中导入的表

2.2　网络数据源中数据的获取

2.2.1　网页数据的获取

网页数据的获取

在做数据分析时常常需要使用某网页中的表格数据，这时既不需要将网页中的表格数据先复制粘贴到 Excel 文件中，再从 Excel 文件导入数据到 Power BI，也不需要用网络爬虫获取网页中的数据。只需将网页地址提供给 Power BI Desktop，Power BI 便可到网页中获取数据并导入 Power BI Desktop。

例如，胡润百富网站的某网页包含了《2019 胡润中国 500 强民营企业》等若干以表格形式展示的数据，如图 2-12 所示。

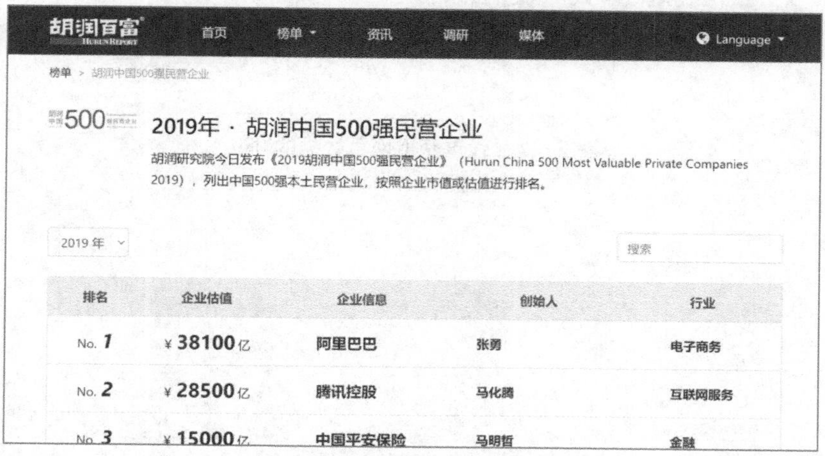

图 2-12 某网页包含的数据表

Power BI Desktop 从网页导入表格数据的操作步骤是：打开主界面功能区中的"主页"选项卡，单击"获取数据"按钮，在图 2-13 所示的"获取数据"下拉列表中选择"Web"选项，当出现图 2-14 所示的"从 Web"对话框后，将表格所在网页的地址复制粘贴到其中的"URL"文本框中并单击"确定"按钮。当出现图 2-15 所示的"导航器"对话框时，勾选需要导入的表并单击"加载"按钮，Power BI 会自动将网页中已勾选的表格数据提取出来并作为一个数据集导入 Power BI Desktop，如图 2-16 所示。

图 2-13 "获取数据"下拉列表

图 2-14　设置获取网页数据的 URL

图 2-15　获取网页数据的导航器

图 2-16　将网页中的表格数据加载到 Power BI Desktop

2.2.2　网络数据库数据的获取

网络数据库数据
的获取

本小节以 SQL Server 数据库为例，介绍将网络数据库中的数据导入 Power BI Desktop 的操作过程。

打开主界面功能区中的"主页"选项卡，单击"获取数据"按钮，在"获取数据"对话框中选择"数据库"列表中的"SQL Server 数据库"选项，单击"连接"按钮。当出现图 2-17 所示的对话框时，在"服务器"文本框中输入 SQL Server 数据库所在服务器的 IP 地址，在"数据库（可选）"文本框中输入数据库名称并选择"导入"或"DirectQuery"单选项，单击"确定"按钮，在图 2-18 所示的对话框中选择访问 SQL Server 数据库的方式（Windows 凭据、数据库用户名和密码或 Microsoft 账户），最后单击"连接"按钮。若连接成功，则勾选准备导入 Power BI Desktop 的数据表，再单击"加载"按钮。

图 2-17　获取 SQL Server 数据库数据的设置

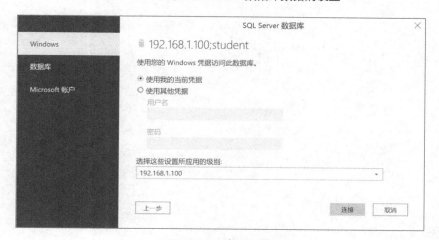

图 2-18　账户设置

在图 2-17 所示的对话框中选择"导入"单选项表示 Power BI 将从所选择的数据源数据库中提取数据，并将数据加载到 Power BI Desktop 数据集中供 Power BI Desktop 用户快速访问。如果数据源数据库中的数据发生改变，则 Power BI Desktop 数据集中的数据不会实时自动更新，需要用户手动刷新，或设置好调度计划由 Power BI Desktop 定时自动刷新。

选择"DirectQuery"单选项表示 Power BI 不从所选择的数据源数据库中提取数据并将数据加载到 Power BI Desktop 数据集中，而是直接向数据源中的数据库管理系统发送操作命令，以对数据库中的数据做查询和处理操作。在这种模式下，Power BI Desktop 数据集只存储连接数据源数据库的凭证和数据源中的元数据，以便 Power BI Desktop 用户访问数据源数据库，数据源数据库中的数据发生的任何改变都会实时在 Power BI Desktop 数据集中反映出来。

<h2 style="text-align:center">练习</h2>

1. 获取 Excel 文件"股票价格.xlsx"中的数据。
2. 获取"文本文件 CSV.csv"文件中的数据。
3. 获取"JSON 文件.json"文件中的数据。
4. 获取"Access 数据库.accdb"文件中的数据。
5. 在新浪财经官网获取最新的外汇基本汇率信息。

第 **3** 章　数据处理基础

在将数据导入 Power BI Desktop 后，为了将导入的数据整理成适合存储和分析的数据，需要对数据进一步处理。可以在"主页"选项卡中单击"转换数据"按钮（见图 3-1），将当前的数据表在 Power Query 编辑器中打开并做进一步处理。从导入数据到进行数据处理的每一个操作步骤都会被 Power Query 编辑器记录下来，以后当数据源发生变化时，可以单击"转换数据"按钮右边的"刷新"按钮重新读取数据源，并自动执行保存下来的操作步骤。

图 3-1　"转换数据"按钮

Power Query 编辑器的功能区主要由"主页""转换""添加列""视图""工具""帮助"等选项卡构成，如图 3-2 所示。每个选项卡中各个按钮的作用将在本章逐步介绍。完成数据处理工作后，可以单击"关闭并应用"按钮，对导入数据表的具体操作步骤进行记录并应用，再将最终的处理结果数据表保存到当前 .pbix 文件中。

图 3-2　Power Query 编辑器的功能区

3.1　数据的清理

原始数据可能包含很多错误值、缺失值等，因此需要对其进行识别和处理。

3.1.1 文本编码的处理

在获取数据时，如果没有设置正确的文本编码，就会常常出现乱码问题，通过识别和设置正确的文本编码可以解决乱码问题。目前主要使用的文本编码是国标系列编码标准，如 GB2312、GBK、GB18030 等，全球统一的大字符集 Unicode 的具体编码实现 UTF-8、UTF-16 等，以及繁体中文字符编码标准 BIG5 等。在其他国家和地区设置字符编码标准的原理也是类似的。

文本编码的处理

从在线图书数据素材文件的"bookdata.csv"中导入数据时，如果文本编码设置不正确，则会出现乱码现象，如图 3-3 所示。文本乱码不仅会使数据含义无法理解，还会影响数据表的列名，以及后续的数据处理和分析操作。

图 3-3 获取数据时文本编码设置不正确导致的乱码现象

将数据源的文本编码属性设置为正确的字符编码，可以解决文本乱码问题，如图 3-4 所示。

bookdata.csv

文件原始格式		分隔符	数据类型检测		
65001: Unicode (UTF-8)		逗号	基于前 200 行		

书名	折扣	电子书价格	折扣价	原价	出版日期	出版社	推荐度
六妈罗罗新书 从容养育: 成长自我, 成就孩子	7.2	null	34.6	48	2018/5/8	中国妇女出版社	100
半小时漫画世界史	6.9	14.99	27.5	39.9	2018/4/20	江苏凤凰文艺出版社	96.6
神奇校车·动画版	5	null	59	118	2018/3/29	贵州人民出版社	98
高兴死了!!!	5	16.98	29.9	59.9	2018/4/1	江苏凤凰文艺出版社	97.9
仪式感: 把将就的日子过成讲究的生活	5	null	18	36	2018/3/1	北京理工大学出版社	99.8
叮你的	5	null	24.9	49.8	2018/3/1	天津人民出版社	106.7
我这么自律, 就是为了不平庸至死	7.9	null	30	38	2018/4/9	北京联合出版有限公司	95.7
姑娘, 你活得太硬了	5	18	19	38	2018/3/1	江苏凤凰文艺出版社	94.2
孤独是种大自在	5	null	21	42	2018/5/1	中国致公出版社	100
你那么懂事, 一定很辛苦吧	5	12.99	19	38	2018/4/1	四川文艺出版社	98.9
国家是怎样炼成的	5	27.99	24	48	2018/1/8	中国致公出版社	99.9
寻找时间的人2: 永恒之地	5	12.99	19	38	2018/3/1	百花洲文艺出版社	99.8
I SPY 视觉大发现	6.8	null	107.1	158.4	2018/5/1	接力出版社	0
医学叔会	6.9	null	33.1	48	2018/3/1	科学技术文献出版社	99.1
小王子三部曲	7.5	12.99	74.9	99.9	2018/3/1	文汇出版社	96.6
清单人生	7.5	12.99	31.5	42	2018/4/1	天津人民出版社	99.8
人类简史	5	null	64	128	2018/3/1	中信出版社	98.6
失踪的女儿	5	24.99	24	48	2018/3/1	北京联合出版有限公司	100
做一个有境界的女子: 不自轻, 不自弃	5	null	19	38	2018/3/1	青岛出版社	98.3
山本贾平凹巅峰之作震撼上市	5.5	null	32.5	59	2018/3/1	作家出版社	98.3
别让好脾气害了你	5	null	19.9	39.8	2018/4/1	贵州人民出版社	99.7

使用示例提取表   加载   转换数据   取消

图 3-4 数据源文本编码属性的设置

3.1.2 异常数据值的处理

异常数据值的
处理

导入的数据表中可能会因为各种原因有一些缺失值或错误值, 为了满足数据建模分析的需要, 要使用有意义的值替换这些异常的数据值, 或者简单地过滤掉这些异常的数据值。

例如, 需要导入并处理图 3-5 所示的有关学生信息的 Excel 数据表格 (studentdata.xlsx), 可以看到该表格中有缺失的成绩, 可能是学生没有参加该门课程的考试造成的。此外, 表格还使用了合并单元格等格式, 因此, 导入该表格后, 使用 Power BI 编辑该表格时, 可以看到特殊格式和缺失数据造成了很多缺失值, 如图 3-6 所示。

	A	B	C	D	E	F
1	学号	姓名	院系专业	高数	英语	体育
2	192120181	刘备	物理 - 物理学	90	95	75
4	193182108	曹操	电子 - 微电子	85	80	80
6	185180128	孙权	电子 - 通信工程		76	85
8	197183201	诸葛亮	电子 - 通信工程	95		80
10	193225177	关羽	计算机 - 计算机	70		90
12	198180601	张飞	电子 - 微电子	60	85	95
14	191180668	赵云	电子 - 通信工程	90	90	95
16	193820165	黄忠	信管 - 图书	85	95	85
18	193820550	张辽	社会 - 社会学	90	90	88

图 3-5 有关学生信息的 Excel 数据表

图 3-6 导入后包含很多缺失值的表

1．删除异常的数据值

对于因为 Excel 表格格式造成的全是空值的行，可以采用直接删除的方法将其去除。可以选择"主页"选项卡中"删除行"下拉列表中的"删除空行"选项完成删除操作，也可以单击表格中任何一列右上角的三角箭头，在下拉列表中选择"删除空"选项实现删除操作，删除空行后的数据表效果如图 3-7 所示。

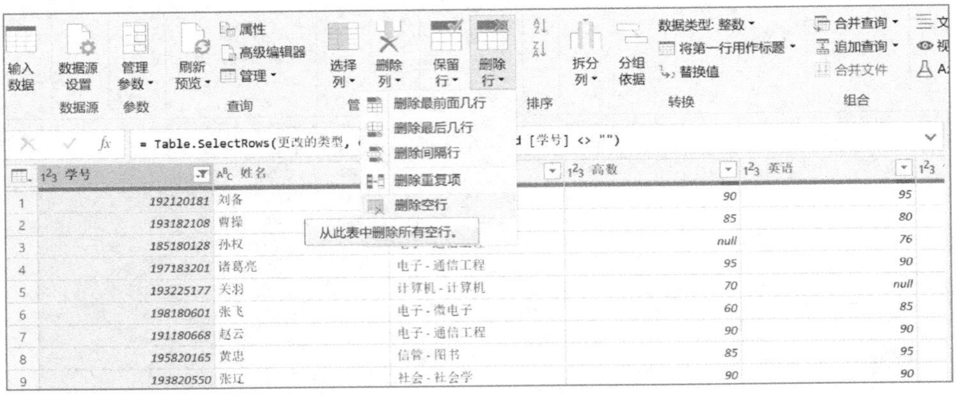

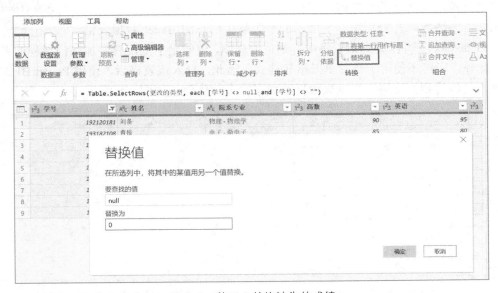

图 3-7　删除空行后的数据表

2．将异常的数据值替换为特定值

将缺失的学生成绩替换为 0 是比较合理的，也方便后续做数据分析。在表格中的任意位置单击，然后按 Ctrl+A 组合键选中整个表格，在"主页"选项卡中单击"替换值"按钮，在"替换值"对话框中设置将空值替换为 0，如图 3-8 所示，单击"确定"按钮完成对缺失成绩的替换工作。

图 3-8　使用 0 替换缺失的成绩

3.1.3　行列数据的简单处理

可以对数据的属性（列方向）及数据对象（行方向）进行一些简单的
处理操作。

1．将首行数据提升为列标题

数据表的结构由列名、列数据类型等定义。在文本文件、CSV 文件等数据源中，列名往
往是和数据一起存储的，只不过是在第 1 行，甚至有些数据源文件中没有列名只有数据。
Power BI Desktop 在导入数据时会尝试区分并识别可能的列名，在存在列名但是无法区分列
名和数据的情况下，列名会被识别为数据的第 1 行，此时生成的数据表的列以默认的
Column1、Column2 等形式命名。此时可以在 Power Query 编辑器中单击"将第一行用作标题"
按钮，把数据表的第 1 行数据提升为列标题，如图 3-9 所示。

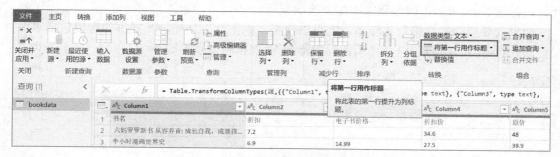

图 3-9　将第 1 行数据提升为列标题

2．修改数据列的数据类型

在导入数据时，Power BI Desktop 会尝试识别每一列数据的类型，如果自动识别的数据
类型不满足要求，则可以用鼠标右键单击每一列列名左边的数据类型图标，在弹出的数据类
型下拉列表中手动修改，如图 3-10 所示。有关数据类型的知识将在第 4 章介绍。正确识别和
设置每一列的数据类型对后续的建模分析及可视化是非常重要的。

	AᵇC 书名		1.2 折扣	1.2 电子书价格	1.2 折扣价	1.2 原价
1	六妈罗罗新书 从容养育:成长自我,成就孩	1.2 小数	7.2	null	34.6	
2	半小时漫画世界史	$ 定点小数	6.9	14.99	27.5	
3	神奇校车·动画版	1²₃ 整数	5	null	59	
4	高兴死了!!!	% 百分比	5	16.98	29.9	
5	仪式感:把将就的日子过成讲究的生活	日期/时间	5	null	18	
6	听你的	日期	5	null	24.9	
7	我这么自律,就是为了不平庸至死	时间	7.9	null	30	
8	姑娘,你活得太硬了	日期/时间/时区	5	18	19	
9	孤独是种大自在	持续时间	5	null	21	
10	你那么懂事,一定很辛苦吧	AᵇC 文本	5	12.99	19	
11	国家是怎样炼成的	True/False	5	27.99	24	
12	寻找时间的人2:永恒之地	二进制	5	12.99	19	
13	I SPY 视觉大发现	使用区域设置...	6.8	null	107.1	

图 3-10　设置数据列的数据类型

3．删除行

导入的数据表中可能会因为各种情况存在一些不符合需要的数据行，这时可以使用"删除行"功能删除指定的数据行。考虑到数据源包含的数据多种多样，Power Query 的"删除行"下拉列表提供了对数据行进行删除操作的不同选项，包括"删除最前面几行""删除最后几行""删除间隔行""删除重复项""删除空行"等，可以满足绝大多数的数据处理需求。

从 Excel 文件 studentdata.xlsx 导入 Sheet1 中的数据时，因为 Excel 数据表中的数据存在合并的单元格、多余的空数据行等，所以导入 Power BI 中的数据包含间隔的空行，以及多余的多个尾部空行。这时可以选择"删除间隔行"选项将间隔的多余空行删除，这需要指定删除行的模式。对于图 3-11 所示的数据，从第 2 行开始，删除一行，保留一行，因此设置删除行的模式如图 3-12 所示。删除完毕剩下两个空行，选择"删除最后几行"选项，删除最后的两行，如图 3-13 所示，即可删除不需要的数据行。

如果需要删除的数据行比较多，则可以使用"保留行"功能，其提供的选项包括"保留最前面几行""保留最后几行""保留行的范围""保留重复项"等。

图 3-11　删除不满足需要的数据行

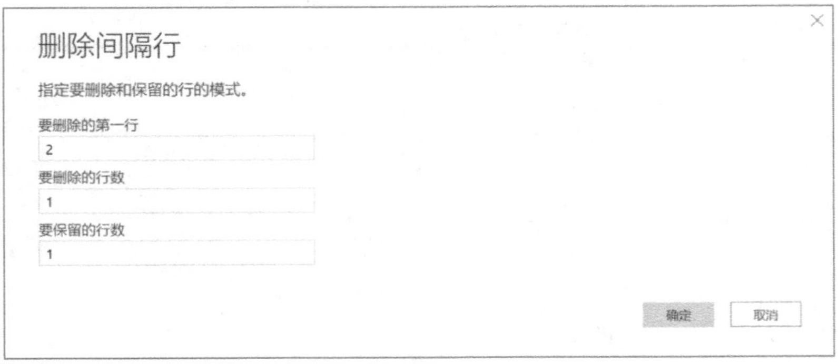

图 3-12　设置删除间隔行的模式

图 3-13 设置删除最后两行

4．删除列

导入的数据表中可能有一些列是重复、多余的，或者是后续分析不需要的，此时可以通过"删除列"或者"删除其他列"功能删除不需要的列。以"删除列"为例，需要先选中要删除的列，这时可能有以下 3 种情况。

（1）如果只有一列需要删除，则单击该列的列标题即可。

（2）如果有多个连续的列需要删除，则可以先选中要删除的第 1 列，然后按住 Shift 键单击最后一个要删除的列的列标题。

（3）如果有多个不连续的列需要删除，则可以先选中要删除的第 1 列，然后按住 Ctrl 键逐个单击要删除的列的列标题。

当然，也可以单击"主页"选项卡中的"选择列"按钮，在弹出的"选择列"对话框中选择要删除的列，如图 3-14 所示。

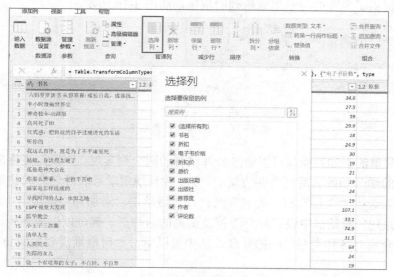

图 3-14 "选择列"对话框

完成对要删除的列的选中操作后，在任意一个被选中的列的列标题上单击鼠标右键，在弹出的菜单中选择"删除"选项，即可删除选中的列，如图 3-15 所示。当然，也可以使用"主页"选项卡中的"删除列"按钮来删除列。

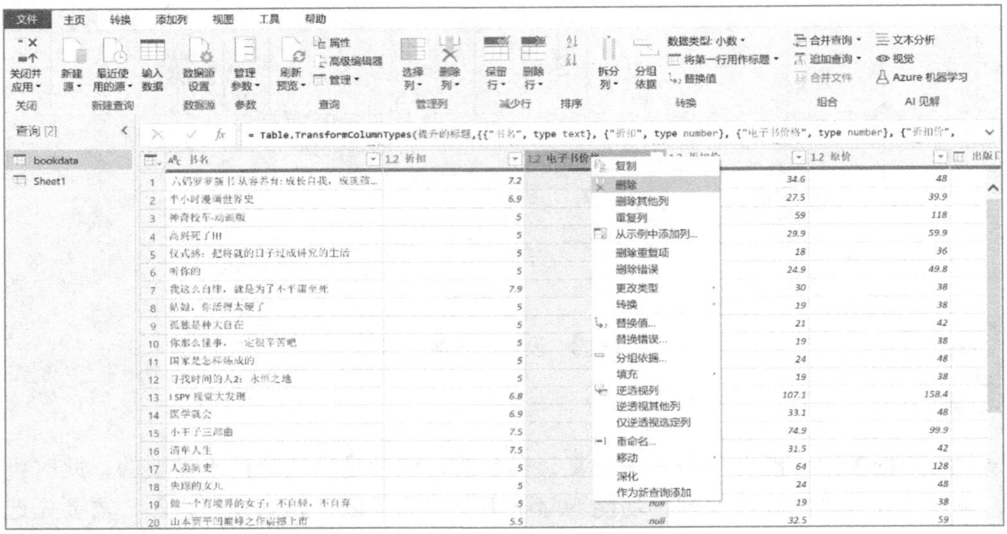

图 3-15　删除选中的数据列

如果需要删除的列比较多，则可以先选中需要保留的少数列，然后单击鼠标右键，在弹出的菜单中选择"删除其他列"选项。

5．添加列

考虑到后续做数据分析的需要，有可能需要根据当前数据表中的某一列或者某些列生成新的列，如生成索引列，提取日期中的年、月、日等分量生成新的列等。Power Query 的"添加列"选项卡提供了丰富的用于生成新列的按钮，如图 3-16 所示。

图 3-16　"添加列"选项卡

例如，最简单的添加列操作可以通过合并已有的两个列实现。假设需要将图 3-16 所示的学生信息表中的学号和姓名两列合并为新的一列，并且规定学号和姓名之间使用符号"-"作为分隔符，则先选中"学号"和"姓名"两列，然后单击"添加列"选项卡中的"合并列"按钮，在"合并列"对话框中设置好分隔符及新列的名称后，就可以生成新列，如图 3-17 所示。下一节将介绍对各种类型数据的处理，从中可以学习如何根据需要生成新列。

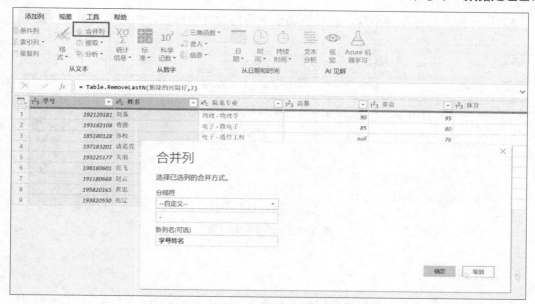

图 3-17 通过合并列操作来添加新列

6．拆分列

可以使用"转换"选项卡中的"拆分列"按钮，根据指定的规则将已有的数据列拆分为若干列，所生成的新列的数量取决于原始列中的数据和拆分的规则。例如，图 3-18 所示为刚才生成的"学号姓名"列，因为其中的数据是文本类型的，所以设置拆分规则为根据分隔符"-"对原有的属性列进行拆分，就得到了"学号"和"姓名"两列数据。

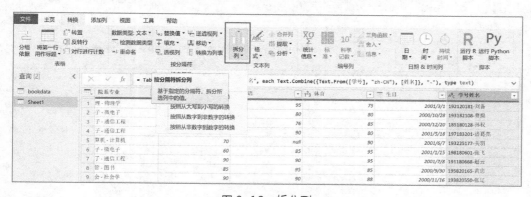

图 3-18 拆分列

7．调整列的位置

为了便于处理和观察数据，需要调整数据表中各列之间的位置关系。先选中需要调整位置的列，然后通过以下 3 种方法移动列的位置。

（1）单击"转换"选项卡中的"移动"按钮，如图 3-19 所示。

（2）在选中列上单击鼠标右键，在弹出的菜单中选择"移动"选项。

（3）直接按住鼠标左键不放，同时拖动选中的列到目标位置，然后释放鼠标左键。

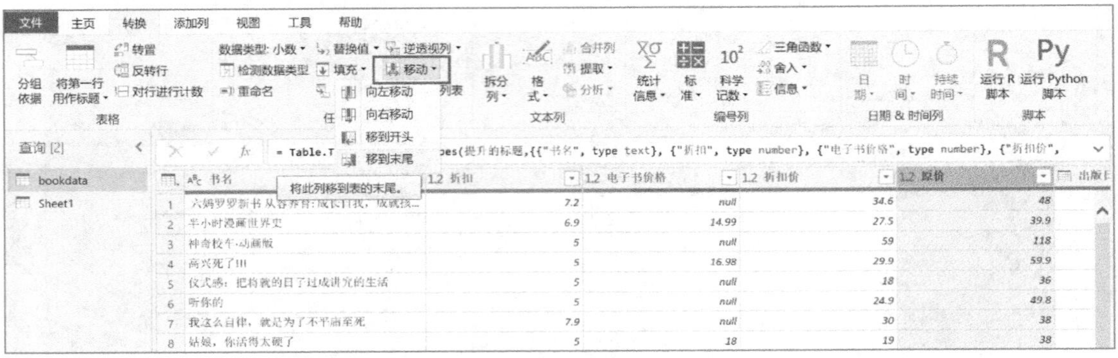

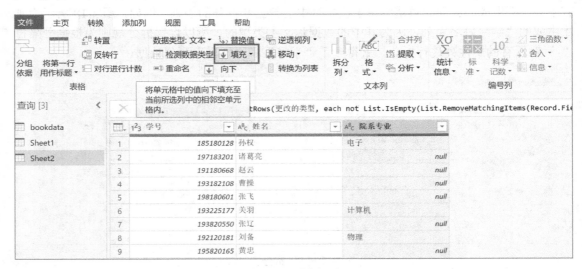

图 3-19　调整列的位置

8．填充列

当从 Excel 文件等类型的数据源中导入数据表（studentdata.xlsx 文件中的 Sheet2）时，由于原始文件中有合并的单元格等，因此属于同一类别的多个数据行连续在一起，但是其中只有一个数据行的相关列具有值，其他数据行的同一列的值为空。这时可以单击"转换"选项卡中的"填充"按钮，将连续在一起的属于同一类别的多个数据行的同一列的值填充为已有值，如图 3-20 所示。

图 3-20　填充列

9．行列互换

有些数据表可以从行列两个不同的方向进行结构化。可以使用行列互换功能，在需要的时候将列转换为行，从而满足不同方向上数据分析的需要。在图 3-21 所示的数据表（agri.txt）中，可以将不同农作物作为列，这时每个地区是被研究的客观对象；也可以将每个地区看作列，此时每种农作物是被研究的客观对象。具体的实现步骤如下。

（1）将标题降为第 1 行数据。

（2）单击"转置"按钮实现行列互换。

（3）将第 1 行数据提升为列标题。

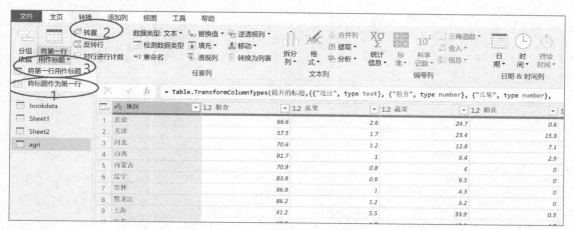

图 3-21 数据表的行列互换

3.2 基本数据类型数据的处理

不同类型数据能做的运算和处理各不相同，因此根据数据类型来分类学习数据处理的方法是一种常见的学习途径。Power Query 通过按钮和菜单提供了基本和必要的用于处理各种数据类型数据的功能，本节对这些内容进行介绍，但是能够处理更加复杂和多样的数据的方法是使用 M 语言，这将在第 4 章和第 5 章介绍。

3.2.1 文本数据的处理

1. 替换

文本数据的处理

前面介绍了用替换的方式进行数据清理的方法。这里介绍如何用替换的方法进一步对文本数据进行处理。例如，导入数据中的"评论数"列本应该是整数类型的数据，但是因为原始数据源是通过网络爬虫获取的，所以数据包含了"条评论"文本，如图 3-22 所示，这时可以通过替换的方法将多余的文本去掉。

先选中"评论数"列，然后单击"转换"选项卡中的"替换值"按钮，在"替换值"对话框中设置"要查找的值"为"条评论"，"替换为"文本框保留为空，单击"确定"按钮即可去掉"评论数"列中多余的文本，如图 3-22 所示。最后只需将该列的数据类型修改为整数类型即可。

图 3-22 使用"替换值"按钮去掉多余文本

2. 提取文本数据

可以使用"添加列"选项卡中的"提取"按钮提取列中的文本来生成新的列。例如，如果想通过"学号"列中的数据提取学生的入学年份，观察到学号中的前两个字符表示入学年份，则先选中"学号"列，然后选择"提取"下拉列表中的"范围"选项，在弹出的对话框中设置"起始索引"为 0（在 Power BI 中第一个文本字符的下标是 0），"字符数"为 2，单击"确定"按钮即可提取学生入学年份并生成新的列，如图 3-23 所示。

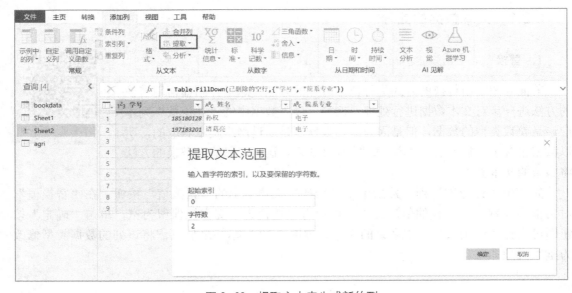

图 3-23 提取文本来生成新的列

3.2.2 数值数据的处理

可以使用 Power Query 的"转换"和"添加列"等选项卡对数据表中选中的数值数据列进行基本的计算。

数值数据的处理

1. 根据已有的列计算新的列

对于导入的学生信息表，可根据已有的各门课程的成绩计算每个学生的总分。选中所有成绩列（可以先选中第一个成绩列，然后按住 Shift 键选中最后一个成绩列，以选中连在一起的所有成绩列；也可以按住 Ctrl 键选中各个成绩列），接着在"添加列"选项卡的"统计信息"下拉列表中选择"求和"选项，即可计算并添加总分列，如图 3-24 所示。若要添加其他的新数值数据列，则可以用上述方法完成。

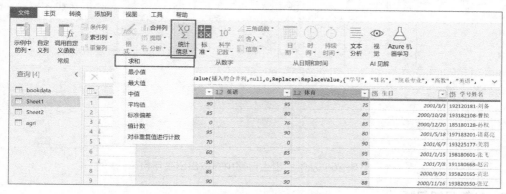

图 3-24 计算并添加总分列

2. 在当前列进行数值计算

可以对当前数据列中的数值进行转换处理，例如，将学生信息表中每个人的体育成绩都加 5 分。选中"体育"列，在"转换"选项卡中的"标准"下拉列表中选择"添加"选项，如图 3-25 所示。在"加"对话框中设置需要增加的"值"为 5，单击"确定"按钮，即可将数据表中每个学生的体育成绩加 5 分。

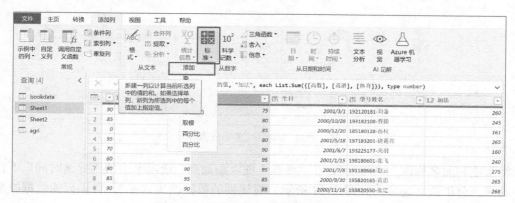

图 3-25 将每个学生的体育成绩加 5 分

3.2.3 日期时间数据的处理

和文本、数值类型数据类似，日期时间数据也可以进行基本的处理和计算。

日期时间数据的处理

1．提取日期时间分量

在学生信息表中，可以从学生的出生日期提取出学生的出生年份。选中"生日"列，在"转换列"选项卡中的"日期"下拉列表中选择"年"选项，如图 3-26 所示，即可提取出学生的出生年份。

图 3-26　从学生出生日期中提取出出生年份

2．计算日期间隔

在学生信息表中，可以根据出生日期计算学生的年龄，方法是用当前日期减去每个学生的出生日期，即计算时间间隔。选中学生的"生日"列，在"添加列"选项卡中的"日期"下拉列表中选择"年限"选项，如图 3-27 所示，可以得到以"天时分秒毫秒"形式表示的学生年龄。

图 3-27　通过"年限"选项计算学生年龄

将新建列的名称改为"年龄"，在"转换"或"添加列"选项卡中的"持续时间"下拉列表中选择"总年数"选项，如图 3-28 所示。将该列的单位改为"年"，将该列的数据类型改为"整数"，可以按照四舍五入的方式得到学生的年龄。

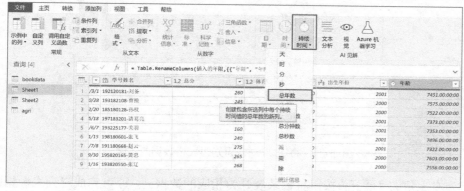

图 3-28　修改学生年龄的显示方式

3.3　高级数据类型数据的处理

高级数据类型
数据的处理

从 JSON 等数据源导入 Power BI 的数据往往会被识别为列表或者记录等高级数据类型的数据，通过高级数据类型之间的转换和展开可以将数据整理为最终的表格形式。

通常而言，JSON 文件中的每个 JSON 对象在 Power BI 中都会被解释为一个记录，而 JSON 文件中若干个 JSON 对象构成的数组在 Power BI 中会被解释为一个列表。因此，基本的处理策略是先读入 JSON 文件，如果该文件中是被识别为列表的 JSON 数组，则先展开这个列表，然后将其转换为表格，这样可以得到一个以记录为元素的列。接着按照处理记录数据的方法展开数据，即可获得最终的表格数据。目前 Power BI 已经可以自动完成相应的处理过程。

例如，图 3-29 所示的 JSON 文件（weather.json）读入 Power BI 的过程如上所述，可以通过逐行观察 Power Query 窗口右边的"应用的步骤"窗格中的内容进行理解，如图 3-30 所示。最终的转换结果如图 3-31 所示。

```
{ "forecast": [
    {
        "date": "22",
        "ymd": "2018-09-22",
        "week": "星期六",
        "sunrise": "05:57",
        "high": "高温 26.0℃",
        "low": "低温 15.0℃",
        "sunset": "18:10",
        "aqi": 55.0,
        "fx": "西北风",
        "fl": "4-5级",
        "type": "晴",
        "notice": "愿你拥有比阳光明媚的心情"
    },
    {
        "date": "23",
        "ymd": "2018-09-22",
        "week": "星期日",
        "sunrise": "05:58",
        "high": "高温 23.0℃",
        "low": "低温 14.0℃",
        "sunset": "18:09",
        "aqi": 29.0,
        "fx": "西北风",
        "fl": "4-5级",
        "type": "晴",
        "notice": "愿你拥有比阳光明媚的心情"
    },
```

图 3-29　由 JSON 数组构成的 JSON 文件

图 3-30 将 JSON 对象识别为表格数据的步骤

单击列右上角的"展开"按钮将记录展开为相应的数据列，即可完成对列表数据的处理，如图 3-31 所示。

1²₃ forecast.date	▼	forecast.ymd	▼	A⁸C forecast.week	▼	⏱ forecast.sunrise	▼	A⁸C forecast.high	▼	A⁸C f
1	22	2018/9/22		星期六		5:57:00	高温 26.0℃			低温
2	23	2018/9/22		星期日		5:58:00	高温 23.0℃			低温
3	24	2018/9/22		星期一		5:59:00	高温 24.0℃			低温
4	25	2018/9/22		星期二		6:00:00	高温 24.0℃			低温
5	26	2018/9/22		星期三		6:01:00	高温 24.0℃			低温

图 3-31 列表数据的最终处理结果

有时候 JSON 文件包含的直接是一个个 JSON 对象，图 3-32 所示的某网站返回的 JSON 格式的图书数据（book.json）。

book.json - 记事本
文件(F) 编辑(E) 格式(O) 查看(V) 帮助(H)
{"0":{"bookname":" 六妈罗罗新书 从容养育: 成长自我，成就孩
子","common":39.0,"discount":7.2,"price_e":null,"price_n":34.6,"price_r":48.0,"pubdate":"2018-05-
08","publisher":"中国妇女出版社","recommondation":100.0,"writer":"罗罗"},"1":{"bookname":"半小时漫画世界
史","common":1218.0,"discount":6.9,"price_e":14.99,"price_n":27.5,"price_r":39.9,"pubdate":"2018-04-
20","publisher":"江苏凤凰文艺出版社","recommondation":96.6,"writer":"陈磊（笔名：二混子）"},"2":
{"bookname":"神奇校车·动画
版","common":41864.0,"discount":5.0,"price_e":null,"price_n":59.0,"price_r":118.0,"pubdate":"2018-03-
29","publisher":"贵州人民出版社","recommondation":98.0,"writer":"作者:乔安娜柯尔 "},"3":{"bookname":"高兴
死了!!!","common":1543.0,"discount":5.0,"price_e":16.98,"price_n":29.9,"price_r":59.9,"pubdate":"2018-04-
01","publisher":"江苏凤凰文艺出版社","recommondation":97.9,"writer":"（美）珍妮·罗森 (Jenny Lawson)
"},"4":{"bookname":"仪式感: 把将就的日子过成讲究的生
活","common":1224.0,"discount":5.0,"price_e":null,"price_n":18.0,"price_r":36.0,"pubdate":"2018-03-
01","publisher":"北京理工大学出版社","recommondation":99.8,"writer":"高瑞沣"},"5":{"bookname":"听你
的","common":761.0,"discount":5.0,"price_e":null,"price_n":24.9,"price_r":49.8,"pubdate":"2018-05-
01","publisher":"天津人民出版社","recommondation":106.7,"writer":"张皓宸 "},"6":{"bookname":"我这么自律,

图 3-32 JSON 格式的图书数据

JSON 格式数据被导入 Power BI 中后，整个文件会被识别为一个列表，而列表中的每个元素又由一个数值和一个子列表构成，此时可以单击"转换"选项卡的"到表中"按钮，将列表数据转换为表格数据。此时表格由"Name"和"Value"两列构成，单击"Value"列右上角的"展开"按钮，将表格中的"Value"子列表展开为若干个原子型的数据列，可以得到最终的表格数据，如图 3-33 所示。整个过程由 Power BI 自动完成，可以通过"应用的步骤"窗格观察详细过程。

图 3-33 列表数据转换为表格数据的最终效果

练习

根据本章 bookdata.csv 文件中的书籍信息完成以下任务。

1．尝试根据原价和折扣计算折后价格。

2．将作者、出版社和书名使用"-"符号连接起来，并将结果放到新的数据列中，列名为"作者-出版社-书名"。

3．提取每本书的出版年份信息。

第4章 Power Query 中的 M 语言

4.1 M 语言概述

M 语言是微软公司在 Excel 和 Power BI 的 Power Query 组件中内嵌的公式语言，可以将来自各种数据源的数据通过过滤、组合、计算、转换等方式自动化地提取、整理成表格形式。

通过 Power BI 的菜单和按钮，我们可以完成一些简单的、容易理解的数据获取和处理操作，这些操作的每一步其实都对应一条用 M 语言编写的语句，实现将来自数据源的数据从某个处理状态转换到下一个处理状态。

如果我们既能通过菜单和按钮完成对数据的处理，又能理解每一步处理操作前后的数据内部表示，以及转换数据时需要的计算和处理，那么我们将可以做到：①更好地理解数据处理的过程，从而更快、更准确地使用菜单和按钮完成不太复杂的数据处理任务；②对于通过菜单和按钮难以完成的任务、面向复杂数据结构的数据源，以及难度较高的数据处理任务，我们可以使用 M 语言编写规模不大的程序来处理；③当我们可以把需要使用菜单和按钮（半自动化的方式）进行的数据处理任务转换为小规模的 M 语言代码时，就能够更加深刻地理解数据自动化处理的意义，从而可以将复杂或需要频繁执行的数据处理任务交由计算机（Power BI）来完成。

因此，在掌握通过菜单和按钮等操作方式获取和处理数据后，学会 M 语言将进一步增强我们处理数据的能力，提升对数据的理解能力，从而为后面的数据分析学习打下坚实的基础。

Power BI 是面向普通用户的数据处理工具，因此只有在工具的易于使用和功能丰富、强大两方面达到平衡，才能使用户可以快速掌握，并发挥出工具的最大潜能。为了实现这个目标，M 语言和后面要介绍的用于数据分析的 DAX 语言都采用了易于理解的公式化语言，它们的语法简单并且拥有强大、丰富的库函数。

关于 M 语言的词法及其语法的详细规定，读者可以参考微软网站的 Microsoft Power Query M Formula Language Specification.pdf 文件。本章以尽可能通俗和简明的方式介绍 M 语言，以便读者可以快速理解和编写 M 语言程序，并完成对数据的处理工作。

4.2 M 语言语法的基本结构

4.2.1 M 语言程序的基本结构

M 语言程序的
基本结构

M 语言的程序和 Power BI 中的查询操作是一一对应的关系，也就是说一个查询操作对应一个 M 语言程序。只不过用户不一定使用直接编程的方式完成查询操作，而通常通过菜单或按钮来实现一个查询操作，但是完整的过程最终会以 M 语言程序的方式保存下来。

一个 M 语言程序的基本结构是：let...in...表达式，如图 4-1 所示。

```
let
 source = #table(
 {"ID","NAME","BIRTHDAY","SALARY","BONUS"},
 {
    {"10001", "李明", #date(1995,3,1),10000,3000},
    {"10002", "田飞", #date(1998,8,8),8000,2000}
 }
),
income = Table.AddColumn(source,"INCOME", each [SALARY]+[BONUS],type number)
in
 income
```

图 4-1 M 语言程序示例

其中 let 和 in 之间是若干条以逗号作为分隔符的赋值表达式语句，每一个赋值表达式都代表了从某个数据源获取数据，或者对已经保存为某种类型的数据进行转换和处理的过程。这个赋值表达式的处理结果将保存到以赋值运算符左边的名字命名的内存对象中，而赋值表达式的书写次序表示了数据处理操作执行的次序，因此上一条赋值表达式语句的结果可以用在其后的赋值表达式中。由此，我们可以认为这些赋值表达式语句代表了从数据源获得数据，再一步步处理这些数据并得到各种中间结果，直到生成最后的数据处理结果的过程。

in 后面的表达式表示这个查询程序最终保存的数据对象，它可以是之前某个赋值表达式左边的数据对象，也可以是以前面生成的数据对象和常量作为操作数构成的表达式。通常来说，最终的数据对象应该是由最后一条赋值表达式语句生成的，之前处理得到的都是中间结果，但是灵活设置 in 后面的对象名可以观察每一步得到的结果，有利于对程序进行调试。

可以单击 Power BI 的 Power Query 编辑器窗口中"视图"选项卡下的"高级编辑器"按钮来查看查询对应的 M 语言程序，之前章节中的查询都可以使用这样的操作来查看其对应的 M 语言程序。图 4-1 中的程序可以通过新建一个空查询，再调出"高级编辑器"窗口来输入，如图 4-2 所示。

图 4-1 中的程序最终会生成一张人员信息表格，如图 4-3 所示。该程序对应的查询处理过程可以在 Power Query 编辑器窗口右边的"应用的步骤"窗格中看到，每一个步骤实际上对应的是一条赋值表达式语句，步骤的名字就是赋值表达式中左边的对象名，步骤执行的次

序就是 M 语言程序中赋值表达式语句的书写次序。对该程序的简单解释是：第 1 条语句生成了一个名为 source 的表格，有 ID、NAME、BIRTHDAY、SALARY、BONUS 5 列，表格有两行数据；第 2 条语句在 source 表格的基础上新增加了 INCOME 列，每行 INCOME 列的值为当前行 SALARY 和 BONUS 列中的值相加的结果，将得到的表格命名为 income；该查询的最终结果是最后一条语句的处理结果，即名为 income 的表格。

图 4-2　"高级编辑器"窗口

图 4-3　M 语言程序生成的数据表格及源程序与查询步骤的对应关系

4.2.2　M 语言词法

1．M 语言词法简述

M 语言是基于 Unicode 字符集的，并且对大小写字母敏感，因此在 M 语言中，Source 和 source 是两个不同的标识符。

M 语言程序由空白字符、注释和基本词法元素构成，而基本词法元素又包括代表各种数据对象和函数的标识符、有特殊含义的关键字、常量、运算符、分隔符等，可以参考图 4-1 中的示例程序。

2．空白字符

空白字符包括空格、制表符和回车换行符等。

3．注释

M 语言的注释与 C 语言、C++的注释一样，包括以"//"开始的单行注释、用"/*"和"*/"括起来的多行注释。注释是给阅读程序的人看的，起解释程序的作用，Power BI 在将 M 语言程序翻译成计算机指令并执行时会忽略所有的注释。

下面是一个单行注释的例子。

```
let  s1= 1.23 in s1   // 这是一个简单的 M 语言程序
```

下面是一个多行注释的例子。

```
/* 这是一个简单的 M 语言程序
   最终生成的数据是一个数值型的数据，它的值是1.23
*/
let  s1= 1.23 in s1
```

4．标识符

M 语言中的标识符有两种：一种是规则标识符，另一种是引用标识符。

规则标识符是以字母或下画线开头，由字母、下画线、数字字符、点字符等构成的字符序列，如 source、_source、s1、s.1 等都是合法的 M 语言规则标识符。

引用标识符以"#"开头，后跟使用双引号作为定界符引起来的由任意 Unicode 字符构成的字符序列，如#"源"、#"2019 Sales"等都是合法的 M 语言引用标识符。

5．关键字

关键字就是被 M 语言赋予了特殊含义，不能用来作为自定义对象名字的标识符，主要用于表示 M 语言中的数据类型、数据类型构造函数、运算符、控制结构等。M 语言中的关键字如图 4-4 所示。

```
and as each else error false if in is let meta not otherwise or section
shared then true try type #binary #date #datetime #datetimezone #duration
#infinity #nan #sections #shared #table #time
```

图 4-4　M 语言中的关键字

4.2.3　M 语言数据类型

每一种语言或者数据工具都需要具备数据抽象表示、数据运算等基本功能，学习 M 语言的数据类型主要有以下好处。

- 深刻理解获取的数据在 Power Query 中的表示，从而能够建立所看到的数据可视化形式及其内部数据类型之间的联系。
- 现实世界中的数据往往形式比较复杂，理解了数据类型就可以将数据转换为有利于进

一步处理和最终分析的形式。

- 理解数据类型可以明白在这些数据之间进行的运算，从而拓展数据处理的思路。
- 有利于理解 M 语言库函数中参数和返回值类型的含义，从而快速学习和掌握与数据处理相关的库函数。
- 掌握记录、列表和表格等复杂的数据类型，有利于从细节方面理解 M 语言在无显式循环结构的条件下是如何处理数据集合的。

从对数据的表达角度，M 语言中的数据类型可以分为原子类数据类型、集合类数据类型和特殊数据类型三大类。

1．原子类数据类型

原子类数据类型主要用于描述等待处理和分析的数据集中的一个数据值，通常用于表示现实世界中一个对象的一个具体属性的值，如某人的姓名、年龄、出生日期、性别等信息。掌握和理解原子类数据类型有助于我们掌握对数据集中具体某个属性值的处理。

M 语言中的原子类数据类型包括逻辑类型、数值类型、时间类型、日期类型、日期时间类型、日期时间时区类型、持续时间类型、文本类型和二进制类型等。

（1）逻辑类型。

M 语言中逻辑类型的名称是 logical，用于表示逻辑运算的结果，其值只有 true 和 false 两种，分别表示真和假。

（2）数值类型。

M 语言中数值类型的名称是 number，用于表示数值类型的数据，包括整型数据和实型数据。M 语言中的数值类型数据实例和特殊的常量如表 4-1 所示。

表 4-1　　　　　　　　　　M 语言中的数值类型数据实例和特殊的常量

number 类型值	解释
123	整型数据，十进制形式
−1.23	实型数据
1.23e2	指数形式的实型数据，如 1.23×10^2
0xff	整型数据，十六进制形式
#infinity	正无穷
−#infinity	负无穷
#nan	Not-a-Number，不是数值，由除以 0 等错误运算产生

（3）时间类型。

M 语言中时间类型的名称是 time，用于表示由小时、分和秒 3 个分量综合组成的以 24 小时计的一天中某个时刻的数据。time 类型数据可以由 M 语言构造函数 #time(hour,minute,second) 生成，例如，#time(15,30,00) 表示 15:30:00。time 类型数据本质上是记录自午夜零时以来以 100 纳秒为一个滴答单位流逝的滴答计数。

（4）日期类型。

M 语言中日期类型的名称是 date，用于表示由年、月和日 3 个分量综合组成的具体某天的数据。date 类型数据可以由 M 语言构造函数 #date(year,month,day) 生成，例如，#date(2020,

1,25)表示 2020 年 1 月 25 日。date 类型数据本质上是记录自公元 1 年 1 月 1 日以来流逝的天数，最大值是公元 9999 年 12 月 31 日。

（5）日期时间类型。

M 语言中日期时间类型的名称是 datetime，用于表示由年、月、日、时、分、秒 6 个分量综合组成的以当前时区为准的某个具体时刻的数据。datetime 类型数据可以由 M 语言构造函数#datetime(year,month,day, hour,minute,second)生成，例如，#datetime (2020,1,25,15,30,00)表示 2020-1-25 15:30:00。

（6）日期时间时区类型。

M 语言中日期时间时区类型的名称是 datetimezone，用于表示由年、月、日、时、分、秒、小时偏移量和秒偏移量 8 个分量综合组成的在某个时区中具体时刻的数据，具体的时区由离 UTC（Universal Time Coordinated）的小时和秒偏移量表示。datetimezone 类型数据可以由 M 语言构造函数#datetimezone(year,month,day,hour,minute,second,offset-hours,offset-minutes)生成，例如，#datetimezone(2020,1,25,15,30,00,8,0)表示与 UTC 时差了 8 小时的 2020-1-25 15:30:00 实际上为北京时间 2020-1-25 15:30:00。

（7）持续时间类型。

M 语言中持续时间类型的名称是 duration，用于表示由日、时、分、秒 4 个分量综合组成的两个具体时间之间的时长数据。duration 类型数据可以由 M 语言构造函数#duration(day,hour,minute,second)生成，每个分量都可正可负，正值表示往后流逝的时间，负值表示往前回溯的时间。例如，#duration(0,1,30,0)表示往后流逝 1 小时 30 分钟，#duration(-1,0,0,0)表示往前回溯 1 天。

（8）文本类型。

M 语言中文本类型的名称是 text，用于表示由 Unicode 字符构成文本数据。text 类型数据使用双引号作为定界符，如"Nanjing university"。

（9）二进制类型。

M 语言中二进制类型的名称是 binary，用于表示一个由二进制字节序列构成的数据，这些数据的含义由具体的应用解释，如可以是图像的像素信息、音频的数据等。binary 类型的数据可以由 M 语言构造函数#binary()生成，如#binary({0xa1,0xff,0x8c,0xe9})。

2．集合类数据类型

集合类数据类型用于表示若干个数据构成的集合，这里的数据可以是前述的原子类型的数据，也可以是集合类型的数据。我们将从各个数据源获取的数据最终处理为结构化的表格形式的数据，以方便进行数据分析工作，表格就是典型的集合类数据类型，因为每个表格都是由组成行和列的多个数据构成的。表格中的每一行表示现实世界中的一个对象，这个对象由多个属性值构成，因此表格的一行也是一个数据集合；表格的一列表示由若干个对象的相同属性值构成的数据集合。表格中的行和列都需要用集合类数据类型来表示。此外，各种不同数据源中数据的原始形式千差万别，但是归根结底，它们在不同角度都可以看作数据的集合。因此理解和掌握集合类数据类型，可以帮助我们将从各种数据源获得的数据逐步处理成最终适合做数据分析的数据。

M 语言中的集合类数据类型包括列表类型、记录类型和表格类型等。

（1）列表类型。

列表类型用于表示具有有限个数据元素的集合，M 语言中列表类型的名称为 list。M 语言语法规定列表是由一对花括号作为定界符括起来的若干个数据元素，数据元素之间使用逗号作为分隔符。列表中元素的值的类型可以相同，也可以不同。元素可以是原子类型的值，如数值类型、文本类型的值等；也可以是集合类型的值，即列表的元素可以是一个列表，这就构成了列表的子列表；还可以是记录或表格对象。表 4-2 所示为列表的示例。从作用上说，通常最终生成的结构化表格数据中除去列标题信息外，每一列数据或者每一行数据都对应一个列表，而表格则可以看成列表的子列表。因此在对从数据源中获取的数据进行处理及生成表格数据的过程中，可以以列表类型的数据作为中间结果来生成表格的行或者列。

表 4-2　　　　　　　　　　　　　　　　列表的示例

列表示例	解释
{1,2,3}	数值类型列表
{"red","blue","green"}	文本类型列表
{1,"red",true}	由不同类型数据元素构成的列表
{{1,2,3},{"red","blue","green"}}	列表的子列表

（2）记录类型。

记录类型用于表示具有有名称的有限个数据元素的集合，M 语言中记录类型的名称为 record。M 语言语法规定记录是由一对方括号作为定界符括起来的若干个名称-值对，名称-值对之间使用逗号作为分隔符。名称是用户自定义的标识符，表示记录元素的名称，再通过"="号将值赋予相应的名称。在定义记录元素的过程中，后续元素的值可以通过前面元素的值计算得到。最终生成的结构化表格数据中包含列名属性的一行可以看作一个记录数据，因此，记录类型在将从数据源中获取的数据处理为最终的结构化表格数据的过程中也起着重要的作用。

例如，下面是一个记录的示例，其生成的记录在 Power BI 查询中对应的数据如图 4-5 所示。

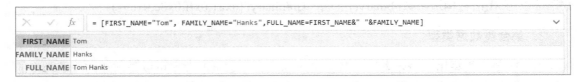

图 4-5　记录示例

（3）表格类型。

表格类型用于表示由行和列构成的数据集合，M 语言中表格类型的名称是 table。M 语言语法规定表格数据由#table 构造函数加上由表格结构类型定义和表格数据构成的列表确定，表格的结构类型主要定义表格的结构，即每列的列名和数据类型。根据列的类型的确定方式，可以将表格对象分为隐式字段表和显式字段表。

在隐式字段表的定义中，表格的结构由字段名构成的列表说明，而每个字段的类型则根据每列的数据值由 Power BI 自动确定。例如，在图 4-1 所示的程序中，source 对象对应的就是一个隐式字段表，在表格对象定义中，#table 构造函数的第一个参数是表示列名的文本类型列表，第二个参数是由每行数据构成的列表的子列表。

图 4-6 所示为一个显式字段表的例子，#table 构造函数的第一个参数通过 "type table [ID=text,NAME=text,BIRTHDAY=date,SALARY=number,BONUS=number]" 明确地给出了每一列的列名和数据类型。

图 4-6　显式字段表的定义和生成的表格数据

数据处理的最终目标是将数据整理为结构化的表格，即每一列数据的数据类型都一致且是原子类型的数据，但是在 Power BI 中，从数据源获得的最初表格数据和中间处理得到的表格数据不一定是结构化的表格，表格中的每个数据可能是一个集合类型的数据，如列表、记录或表格数据。

3．特殊的值和特殊数据类型

特殊的值和特殊数据类型主要是 M 语言为了便于数据处理以及应对数据处理时出现的特殊情况而设置的。

特殊的值 null 表示空值。

特殊数据类型包括任意类型和可空类型等。

（1）任意类型。

M 语言引入的任意类型 any 是一种抽象类型，任何值都可以和 any 类型兼容，主要用于表示函数参数的数据类型。

（2）可空类型。

M 语言引入可空类型 nullable 的主要目的是将任何一种数据类型扩展为可以接受空值 null 的数据类型，即假设 T 是一种数据类型，则 nullable T 表示既可以接受 T 类型数据，也可以接受 null 值的数据类型。

4.2.4　M 语言运算符

M 语言提供了丰富的运算符来处理各种类型的数据，包括与数据访问有关的主运算符、算术运算符、关系运算符、逻辑运算符和类型判断运算符等。为了有效进行数据处理，需要理解和掌握不同数据类型的数据能做的运算及相应的运算规则。

1．元素访问运算符

元素访问运算符"{}"的语法形式为：x{y}。其中 x 是列表或表格数据，y 是以 0 为起始值的下标，用于提取列表或表格中指定下标的元素，配合"?"号使用可以实现容错。

下面是通过下标访问列表元素的示例。

{"zhang","wang","li"}{1}返回列表中下标为 1 的元素 wang。

{"zhang","wang","li"}{3}导致错误，因为不存在下标为 3 的元素。

{"zhang","wang","li"}{3}?返回 null，通过"?"号实现容错，当不存在指定的元素时，返回空值 null。

下面是通过下标访问表格的示例，此时返回的是表格中以下标为行号的一行数据，并以列名和该行数据构成记录类型的数据。

#table({"NAME","SALARY"},{{"li",5000},{"he",8000}}){0}返回[NAME="li",SALARY=5000]。

对于表格数据，也可以用查询表达式的形式访问，即"{}"运算符的第二个操作数是一个记录形式的查询条件。需要注意的是，"{}"运算符返回唯一匹配的行，如果符合指定条件的行有多个，则会导致错误；如果没有符合条件的行，则返回 null。以查询表达式的方式返回表格中行的示例如下。

#table({"NAME","SALARY"},{{"li",5000},{"he",8000}}){[NAME="li"]}返回[NAME="li",SALARY=5000]。

#table({"NAME","SALARY"},{{"li",5000},{"he",8000}}){[NAME="zhang"]}返回 null。

#table({"NAME","SALARY"},{{"li",5000},{"he",8000},{"zhang",8000}}){[SALARY=8000]}会出错，因为符合条件的行有两个。

2．字段访问运算符

字段访问运算符"[]"的第一种语法形式为：x[y]。其中 x 是一个记录，y 是一个属性名，此时根据属性名 y 从记录 x 中选择对应的值。例如下面的示例。

[NAME="zhang",SALARY=8000][SALARY]返回 8000。

字段访问运算符"[]"的第二种语法形式为：x[[y1],[y2],...]。其中 x 是一个记录或表格，y1、y2 等是属性名，此时会根据给定的属性名进行投影，从记录或表格 x 中返回具有更少属性的一个记录或表格。下面是一些示例。

[NAME="zhang",SALARY=8000][[SALARY]]返回[SALARY=8000]。

[NAME="zhang",AGE=25,SALARY=8000][[NAME],[SALARY]]返回[NAME="zhang",SALARY=8000]。

3．算术运算符

对数值类型的数据应用算术运算符的方法和其他语言类似，算术运算符也可以应用于日期类型、时间类型、日期时间类型和持续时间类型的数据。

两个持续时间类型的数据可以进行加法和减法运算，结果是一个持续时间类型的数据，例如下面的示例。

#duration(0,1,5,0)+#duration(0,1,10,0)得到#duration(0,2,15,0)。

一个日期类型、时间类型或日期时间类型的数据可以和一个持续时间类型的数据进行加法或减法运算，例如下面的示例。

```
#date(2020,1,1)+#duration(5,0,0,0)得到#datetime(2020,1,6,0,0,0)。
#time(18,0,0)+#duration(3,2,0,0)得到#time(20,0,0)。
```

两个日期类型、时间类型或日期时间类型的数据相减，得到一个持续时间类型的数据。例如下面的示例。

```
#date(2020,1,31)-#date(2010,1,20)得到#duration(11,0,0,0)。
```

两个持续时间类型的数据可以做除法运算，得到两者的比率关系；也可以使用一个持续时间类型的数据和一个数值类型的数据做乘法或除法运算，得到一个持续时间类型的数据。例如下面的示例。

```
#duration(8,0,0,0)/#duration(4,0,0,0)得到2。
#duration(1,0,0,0)/12 得到#duration(0,2,0,0)。
```

4．连接和合并运算符

连接和合并运算符"&"用于合并两个相同类型的数据，支持的数据类型包括文本类型、日期类型、列表类型、记录类型和表格类型。下面是一些示例。

```
"Nanjing"& "university"得到"Nanjing university"。
{1,2} & {3} 得到 {1,2,3}。
[NAME="zhang"] & [SALARY=8000]得到[NAME="zhang",SALARY=8000]。
#date(2020,1,8) & #time(08,30,00)得到#datetime(2020,1,8,08,30,00)。
```

5．类型运算符

类型兼容性运算符 is 的语法形式为：x is y。如果值 x 的类型和类型 y 兼容，则表达式结果为 true，否则为 false。

类型断言运算符 as 的语法形式为：x as y。如果值 x 的类型与类型 y 兼容，则表达式结果为 x 自身，否则会触发一个错误。

下面是一些示例。

```
8000 is number 的结果为 true。
8000 is list 的结果为 false。
8000 as number 的结果为 8000。
8000 as list 会导致一个错误。
```

6．运算符的优先级

M 语言中运算符的优先级如表 4-3 所示。

表 4-3　　　　　　　　　　　　M 语言运算符的优先级

运算符类别	优先级	运算符及相关表达式	解释
主运算符	1	i, @i	标识符名引用对象表达式
		(x)	圆括号表达式
		x[i]	查询
		x{y}	元素访问
		f(…)	函数调用表达式
		{x,y,…}	列表构造
		[name=value,…]	记录构造

运算符类别	优先级	运算符及相关表达式	解释
单目运算符	2	+x,-x	单目加减（正负号）
		not x	逻辑非
元数据运算符	3	x meta y	关联元数据
双目算术乘除运算符	4	x * y, x/y	双目乘法、双目除法
双目加减运算符	5	x+y, x-y	双目加法、双目减法
关系运算符	6	x<y, x>y, x<=y, x>=y	小于、大于、小于等于、大于等于
相等关系运算符	7	x=y, x<>y	等于、不等于关系运算
类型断言运算符	8	x as y	类型兼容性断言运算符
类型一致性运算符	9	x is y	类型兼容性判断运算符
逻辑与运算符	10	x and y	逻辑与运算
逻辑或运算符	11	x or y	逻辑或运算

4.2.5　M 语言表达式

M 语言作为一种公式语言，其基本语法单位是表达式，每个表达式的计算结果是一个值。从形式来说，每个单独的值都可以看作一个表达式，运算符及其操作数按照 M 语言语法构成一个表达式，用于表达控制结构的 if 构造函数也是表达式，函数定义和函数调用也是表达式，程序的总体结构 let…in…也是一个表达式。因此 M 语言程序的执行是按照给定的顺序逐步进行表达式求值实现的。

4.2.6　M 语言程序控制结构

1．条件分支控制结构

条件分支控制结构用于表达根据一个条件是否成立而采取不同处理方式的情况。M 语言中的条件分支控制结构是通过 if 表达式实现的，if 表达式的语法形式如下。

`if 条件 then 真分支表达式 else 假分支表达式`

if 表达式的求值规则是：如果"条件"为真，则 if 表达式的值是"真分支表达式"的结果，否则 if 表达式的值是"假分支表达式"的结果。例如，if 8000>5000 then 8000 else 5000 的求值结果为 8000。

2．循环控制结构

循环控制结构通常用于表达在循环条件为真的情况下重复进行循环体计算，从而实现表达式求解的方法。M 语言没有直接的循环控制结构，在数据处理中，循环通常体现在对一个集合中的每个数据都重复进行相同的判断或处理。因此 M 语言中通过集合类型数据相关的库函数来遍历集合中的每个数据元素，在遍历过程中还可以指定每个元素的处理函数，有关函数的概念请参见 4.2.7 小节。例如，在图 4-7 所示的循环处理例子中，先生成一个包含 1～5 的所有整数的列表{1,2,3,4,5}，然后调用 List.Transform()库函数对这个列表进行处理，通过遍历每个列表元素，应用作为参数的无名函数来对每个元素值进行转换，转换的方法是在原来值的基础上加 10，最后得到在原列表基础上转换后的新列表{11,12,13,14,15}。

```
let
    source = {1..5},
    s2 = List.Transform(source,(x)=>x+10)
in
    s2
```

图 4-7　应用库函数对列表元素进行循环遍历处理的例子

当对每个集合元素所做的处理比较简单，即可以通过一个表达式来表达时，如图 4-7 中的例子所示，可以将函数定义为"each_"的形式，each 表示对每个元素都需要进行相同的处理，"_"表示当前元素的值。例如，下面两个表达式的效果是等价的。

```
s2 = List.Transform(source,(x)=>x+10)
s2 = List.Transform(source,each _+10)
```

上面的"_+10"表示使用当前元素的值加 10 的值来替换当前元素的值，each 表示将这个处理定义为一个针对每个集合元素的函数。

4.2.7　M 语言函数

当需要多次使用一个数据处理功能时，可以将其定义为一个函数。考虑到 M 语言是一种公式语言，而数据处理功能从形式上说，通常是对数据进行处理，然后得到处理结果，因此 M 语言中的函数定义也是通过表达式实现的，在完成函数的定义后，对函数进行调用也使用表达式。

M 语言的函数定义表达式的语法如下。

(可选的形参列表) 可选的函数返回类型 => 函数体

其中形参列表给出了函数所需的参数形式，如果一个函数不需要参数，则形参列表可以为空，但是圆括号不可省略。函数返回类型是指调用函数后返回的数据的类型，如果省略的话，则可由函数体中返回的数据的类型推导得到。函数体是一个表达式，定义了函数如何通过计算得到最终结果的方法。在实际使用时，为了进行函数调用，需要给函数起一个名字，这时仍然使用表达式为函数命名，即将函数定义表达式赋给一个标识符。

图 4-8 所示为函数的定义及对该函数进行调用的例子，其中定义了一个函数 get_list，需要两个数值类型的参数，在函数体中使用 ".." 运算符产生一个以第一个参数 start 为上界，以第二个参数 end 为下界，步长为 1 的整数列表。这个函数的定义是作为 let...in...表达式中的一个子表达式给出的，在其后的一个子表达式中，调用 get_list 函数产生了一个包含 1～100 的所有整数的列表，并将其作为整个 let...in...表达式的值。

```
let
    get_list = (start as number,end as number)=>{start..end},
    result = get_list(1,100)
in
    result
```

图 4-8　M 语言函数的定义和调用的例子

如果函数需要实现的功能比较复杂，函数体无法用一个简单的表达式实现，则可以将函数体表示为一个 let...in...表达式，在 let 部分实现较为复杂的处理，在 in 部分表示需要返回的结果。

4.3　M 语言的库函数

M 语言提供了 700 多个库函数来帮助处理数据，覆盖了数据获取、对不同数据类型数据的处理、类型处理、错误处理等功能。

有关 M 语言库函数的具体功能，可以参见微软网站中 M 语言的官方文档主页。

掌握 M 语言中的库函数可以提升使用 Power BI 进行数据处理的能力，以下 3 个基础条件可以帮助我们尽可能轻松地掌握 M 语言中的库函数。

（1）理解和掌握 M 语言的数据类型，并理解如何用这些数据类型表达现实世界中各种不同类型的数据。

（2）对数据处理任务有较为深入的理解，知道数据处理任务可以分解为很多个不同的、常用的子功能。每个子功能通常可以用一个对应的 M 语言库函数实现，可以对这些子功能从用途或者处理对象的数据类型进行分类，如图 4-9 所示。这样，当我们希望实现某个自己暂时还不会的子功能时，可以清楚地知道如何查询 M 语言的官方文档，快速定位到相应的库函数。

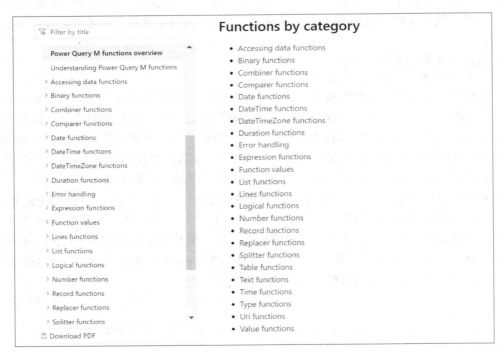

图 4-9　M 语言中库函数的分类

（3）能够看懂每个具体的 M 语言库函数的原型，理解其中每个参数的类型和作用，理解返回值的类型和作用，从而理解该函数的使用方法。

下面给出两个 M 语言库函数的原型及其语法上的解释,希望可以对读者理解和掌握库函数有所帮助。

（1）Text.Start()函数用于从一个文本最开始的位置截取指定数量的字符构成子字符串,该函数的语法形式如下。

```
Text.Start(text as nullable text, count as number) as nullable text
```

从语法上说,函数名 Text.Start 说明这是用于处理文本数据的一个库函数,具有两个不可省略的参数;第一个参数中的 as nullable text 表示这是一个值可以为 null 的 text 类型的数据,第二个参数中的 as number 表示这是一个 number 类型的数据;返回值类型是 as nullable text,表示返回一个 text 类型的文本数据,且值可以为 null。示例如下。

```
Text.Start("hello,world!",5)返回 hello。
```

（2）List.Select()函数用于从一个列表中选取满足条件的元素构成子列表,该函数的语法形式如下。

```
List.Select(list as list, selection as function) as list
```

从语法上说,函数名 List.Select 说明这是用于处理列表数据的一个库函数,具有两个不可省略的参数;第一个参数中的 as list 表示这是一个 list 类型的数据,值不能为 null,第二个参数中的 as function 表示函数的类型,这是需要特别注意的地方。M 语言中的很多库函数可以将函数作为参数,一般用于集合类型的数据,表示对集合中的数据进行处理的方法可以动态变化,这在实际调用时决定,并且作为参数的函数所需的输入数据类型即为这里集合中数据元素的类型。例如,在 List.Select()库函数中,作为第二个参数的 selection 函数将第一个参数 list 的每个元素都调用一次;对于满足 selection 函数中给定条件的元素,selection 函数返回 true,否则返回 false;返回值类型是 as list,表示返回的是一个列表。而实际上,List.Select()库函数会将那些使 selection 函数返回 true 的第一个参数列表中的元素保留下来作为结果列表返回。示例如下。

```
List.Select({1,2,3,4,5}, each _<3)
```
或者
```
List.Select({1,2,3,4,5}, (x)=> x<3)
```

将实现同样的效果,即返回{1,2,3,4,5}这个列表中由小于 3 的元素构成的子列表{1,2}。

练习

1. 生成一个包含 5～10 所有整数的列表。

2. 为自己的个人信息定义一个记录,包括姓名、性别、出生日期等信息。

3. 为自己喜欢的 5 部电影定义一个表格,包括影片名称、上映日期、主演 1、主演 2、票房等列。

4. 定义一个判断整数是否为偶数的函数,如果作为参数的整数是偶数,则返回 true,否则返回 false。

5. 定义一个接收整数列表作为参数的函数,返回将整数列表中每个整数值的奇偶性作为元素的新列表,如对于列表{5,8,1,9,10},返回的结果为列表{false,true,false,false,true}。

第 5 章 使用 M 语言进行数据处理

通过可视化界面进行半自动化的操作可以完成很多基础的数据处理任务，但是并不能满足一些较为复杂的数据处理要求。实际上，Power Query 中大部分的强大功能需要配合 M 语言才能充分发挥出来。本章介绍如何使用 M 语言设计程序并处理数据。

M 语言之所以可以解决用界面操作方式无法解决的问题，原因主要有以下两点。

（1）使用 M 语言编程，可以清晰地理解数据处理过程中每一步的数据表示形式，以及各个步骤之间的数据表示形式是如何转换的。因此可以顺利地设计数据处理过程中从源数据形式到最终目的数据形式的转换过程，而使用界面操作方式时，由于对数据表示形式和转换过程没有深入理解，所以在面对一些问题时可能会无从下手。

（2）界面操作的过程本质上也是一种程序，每一步操作所完成的任务都是确定的，各个操作的前后次序也是确定的，而且很多操作是重复进行的。如果能够正确理解人所做的事情和语言成分的对应关系，就可以把本来需要人工完成的操作转换为语言表达的形式，即程序，从而让计算机可以理解并自动执行。这样的话，本来人力无法胜任的和很多需要重复进行的烦琐工作，就可以由计算机自动完成了。

考虑到很多用户基础有限、时间精力有限，因此学习动力有限。那么在 Power BI 中使用 M 语言进行数据处理时，也可以不必完全以程序设计的方式进行，而可以在手动操作的基础上尽可能多地引入程序进行自动化处理，从而提高数据处理工作的效率。

本章的意义在于让读者学习使用 M 语言进行数据处理，尽可能提高使用 Power BI 进行数据处理的效率，同时不花费过多的学习时间。

本章中的所有 M 语言代码都可以通过以下步骤输入和执行：①在 Power BI 的"主页"选项卡中单击"输入数据"按钮；②在"创建表"对话框中单击下方的"编辑"按钮，调出 Power Query 编辑器窗口；③在 Power Query 编辑器窗口的"主页"选项卡中单击"高级编辑器"按钮，调出 M 语言的"高级编辑器"窗口，输入本章中的 M 语言代码，同时预先将数据文件放在和 M 语言代码对应的文件夹中，以实现数据的读取和处理。

5.1 数据类型之间的互相转换

在数据处理过程中，将原始的数据类型和格式转换为最终的数据类型和格式，可能需要经过若干个中间处理过程，而数据可能需要在这些过程中被分解、转换类型、重新组合。因此，学习和掌握各种数据类型之间互相转换的方法，是进行数据处理工作最重要的前提。本章介绍原子类型数据与复杂类型数据之间的转换方法。

5.1.1 原子类型数据之间的转换

1. 文本类型和数值类型之间的转换

文本类型和数值类型之间的转换是数据处理中最常见的数据类型转换之一。

可以使用 Number.ToText()函数将数值数据转换为文本数据,该函数的语法形式如下。

```
Number.ToText(number as nullable number, optional format as nullable text, optional
culture as nullable text) as nullable text
```
* 参数 number 是等待转换的数值数据。
* 参数 format 是一个可选的表示转换格式的单字符文本。

例如,Number.ToText(123)得到文本"123",Number.ToText(123,"e")得到文本""123.000000e+000""。

可以使用 Number.FromText()函数将文本数据转换为数值数据,该函数的语法形式如下。

```
Number.FromText(text as nullable text, optional culture as nullable text) as
nullable number
```
例如,Number.FromText("567")得到数值 567。

2. 将其他数据类型转换为文本类型

可以使用 Text.From()函数将 number、date、time、datetime、datetimezone、logical、duration 和 binary 类型转换为文本类型,该函数的语法形式如下。

```
Text.From(value as any, optional culture as nullable text) as nullable text
```
例如,Text.From(1)将数值数据 1 转换为文本"1",Text.From(true)将逻辑值 true 转换为文本"true"。

3. 将其他数据类型转换为数值类型

可以使用 Number.From()函数将 text、date、time、datetime、datetimezone、logical、duration 类型转换为文本类型,该函数的语法形式如下。

```
Number.From(value as any, optional culture as nullable text) as nullable number
```
例如,Number.From(#date(2019, 10, 28))得到 43766,Number.From(true)将逻辑值 true 转换为数值 1。

4. 将文本类型转换为日期类型

可以使用 Date.FromText()函数将符合某种文化的日期格式的文本转换为日期类型的数据,该函数的语法形式如下。

```
Date.FromText(text as nullable text, optional culture as nullable text) as nullable
date
```
* 参数 text 是日期格式的文本。
* 可选参数 culture 表示第一个参数所遵循的文化格式。

例如,Date.FromText("2019-10-28")得到代表 2019 年 10 月 28 日的日期类型数据。

5.1.2 表格和记录数据之间的转换

1. 将记录数据转换为表格

可以使用 Table.FromRecords()或 Record.ToTable()函数将记录数据转换为表格。

Table.FromRecords()函数的语法形式如下。

```
Table.FromRecords(records as list, optional columns as any, optional missingField
as nullable number) as table
```

● 参数 records 是记录的列表，列表中的每个记录都包含相同的名称-值对，记录中名称-值对的个数决定表格的行数，名称作为列名，值作为列的数据。

● 返回值是转换得到的表格。

【例 5-1】手动构造记录数据，并将其转换为表格，效果如图 5-1 所示。

```
let
    // 为手动构造的列表创建一个表格，保存到 t1 中
    t1 = Table.FromRecords({[Name = "Name", Value = "Zhou"], [Name = "Age", Value
= 25], [Name = "Country", Value = "CHINA"]}),
    res = t1
in
    res
```

图 5-1　将记录转换为表格

Record.ToTable()函数的语法形式如下。

```
Record.ToTable(record as record) as table
```

该函数将一个记录对象转换为表格，表格只有两列，分别代表名称和值，而记录对象中的每个名称-值对会作为转换后的表格中的一行。

2. 将表格数据转换为记录

将表格数据转换为记录可以在处理非结构化表格数据的过程中发挥作用。可以使用 Table.ToRecords()或 Record.FromTable()函数将表格数据转换为记录。

Table.ToRecords()函数的语法形式如下。

```
Table.ToRecords(table as table) as list
```

该函数将作为参数的表格转换为一个记录列表并返回，表格的列名和每一行的值分别构成记录列表中每个记录的名称-值对。

Record.FromTable()函数的语法形式如下。

```
Record.FromTable(table as table) as record
```

5.1.3　表格和列表数据之间的转换

1．将列表数据转换为表格

可以使用 Table.FromRows()函数按照行方向构造表格，该函数的语法形式如下。

```
Table.FromRows(rows as list, optional columns as any) as table
```

- 参数 rows 是代表每行数据的列表，一般而言，该列表的每个元素也是一个列表，代表一行数据，因此每个元素列表的长度应该是一样的。
- 可选参数 columns 用来指定每一列的名称，因此是一个文本列表。
- 返回值是得到的表格。

【例 5-2】有代表表格数据的列表的子列表{{"18101", "张强", "男"}，{"18102", "李云", "女"}, {"18103", "赵飞", "男"} }，使用如下代码替换【例 5-1】代码中 t1 的定义可以得到图 5-2 所示的表格。

```
t1 = Table.FromRows({{"18101", "张强", "男"}，{"18102", "李云", "女"}, {"18103", "赵飞", "男"} },{"学号", "姓名", "性别"})
```

ABC 123 学号	ABC 123 姓名	ABC 123 性别
1	18101	张强	男
2	18102	李云	女
3	18103	赵飞	男

图 5-2　将列表转换为表格

可以使用 Table.FromColumns()函数按照列方向构造表格，该函数的语法形式如下。

```
Table.FromColumns(lists as list, optional columns as any) as table
```

- 参数 lists 是代表每列数据的列表的子列表，每个子列表代表一列，通常情况下，每个子列表的长度应该一致，否则会导致表格的有些数据为空值。
- 可选参数 columns 用来指定每一列的名称，因此是一个文本列表。
- 返回值是得到的表格。

【例 5-3】有代表表格数据的列表的子列表{{"18101","18102","18103"}，{"张强","李云","赵飞" }, {"男","女","男"}}，使用如下的 t1 定义代码可以得到和图 5-2 中一样的表格。

```
t1 = Table.FromColumns({{"18101","18102","18103"}，{"张强","李云","赵飞" }, {"男","女","男"}},{"学号", "姓名", "性别"})
```

2．将表格数据转换为列表

将表格数据转换为列表时，可以选择按行方向或者列方向进行转换。

可以使用 Table.ToList()函数将每一行的数组按照某种合并方式组合后生成一个数据，然后将整个表格的所有行转换为一个列表，该函数的语法形式如下。

```
Table.ToList(table as table, optional combiner as nullable function) as list
```

- 参数 table 是待转换的表格。
- 可选参数 combiner 表示合并每行数组时使用的合并函数。

75

- 返回值是一个列表，列表中的每个元素对应表格中一行数据合并后的值。

【**例 5-4**】将【例 5-2】中的表格 t1 中的每行数据都转换为文本类型，将它们使用文本合并函数以逗号为分隔符合并成一个文本，最终构成图 5-3 所示的文本列表。

```
t2 = Table.ToList(t1, Combiner.CombineTextByDelimiter(","))
```

	列表
1	18101,张强,男
2	18102,李云,女
3	18103,赵飞,男

图 5-3 将每行表格数据转换为列表

可以使用 Table.ToColumns()函数将表格按列方向转换为列表，表格的每一列被转换为一个列表，整个表格被转换为列表的子列表。例如，【例 5-2】中的表格 t1 可以使用如下代码按列方向转换，转换后的效果如图 5-4 所示。

```
t2 = Table.ToColumns(t1)
```

	列表
1	List
2	List
3	List

图 5-4 将每列表格数据转换为列表

5.2 表格行列数据的处理

5.2.1 表格的行列转换

很多时候需要进行表格的行列转换，例如，进行矩阵计算或者对从外部读入的数据进行整理时，可以通过 Table.Transpose()函数转换表格的行列。该函数的语法形式如下。

```
Table.Transpose(table as table, optional columns as any) as table
```

- 参数 table 是待处理的表格。
- 返回值是行列转换后的表格。

【**例 5-5**】可以对【例 5-1】中的表格 t1 使用 Table.Transpose()函数转换其行列，效果如图 5-5 所示，相关代码如下。

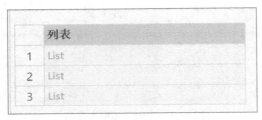

	ABC 123 Column1	▼	ABC 123 Column2	▼	ABC 123 Column3	▼
1	Name		Age		Country	
2	Zhou		25		CHINA	

图 5-5 表格的行列转换

```
let
    // 为手动构造的列表创建一个表格，保存到 t1 中
    t1 = Table.FromRecords({[Name = "Name", Value = "Zhou"], [Name = "Age", Value
= 25], [Name = "Country", Value = "CHINA"]}),
    // 进行行列转换，将结果保存到 t2 中
    t2 = Table.Transpose(t1),
    res = t2
in
    res
```

5.2.2　将表格的第一行数据设置为列标题

很多时候，将从外部导入 Power BI 的数据构成表格后，表格的第一行并不是数据本身，而是列标题，此时可以通过 Table.PromoteHeaders()函数将表格的第一行数据提升为列标题。该函数的语法形式如下。

```
Table.PromoteHeaders(table as table, optional options as nullable record) as table
```
- 参数 table 是待处理的表格，通常要求第一行数据是文本类型或数值类型的，否则需要给出第二个参数。
- 可选参数 options 是一个记录，用来说明是否转换第一行的所有标量值为列标题，以及转换时使用的文化背景格式。
- 返回值是转换得到的表格。

例如，可以使用如下代码将【例 5-5】中的表格 t2 的第一行数据提升为列标题，得到的表格如图 5-6 所示。

```
t3 = Table.PromoteHeaders(t2)
```

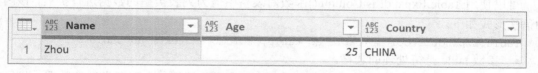

图 5-6　将表格第一行数据提升为列标题

5.2.3　表格中某列数据的类型转换

可以使用 Table.TransformColumnTypes()函数将表格中某列数据的类型转换为期望的类型，前提是这种转换是可行的。该函数的语法形式如下。

```
Table.TransformColumnTypes(table as table, typeTransformations as list, optional
culture as nullable text) as table
```
- 参数 table 是待处理的表格。
- 参数 typeT ransformations 是一个用来说明需要转换类型的列及相应的数据类型的列表。
- 返回值是转换了列数据类型的表格。

例如，图 5-6 中的表格 t3 导入数据后，Age 列中的数据暂时被识别为文本类型，可以使用 Table.TransformColumnTypes()函数将其转换为整数类型，代码如下，转换后得到的表格如图 5-7 所示。

```
T4 = Table.TransformColumnTypes(t3,{"Age", Int32.Type})
```

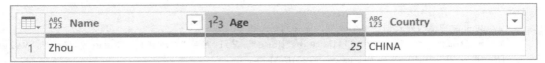

图 5-7　修改表格中列的数据类型

5.2.4　对表格中值为记录类型的数据进行扩展

可以使用 Table.ExpandRecordColumn()函数对表格中值为记录类型的数据进行扩展，该函数的语法形式如下。

```
Table.ExpandRecordColumn(table as table, column as text, fieldNames as list,
optional newColumnNames as nullable list) as table
```
- 参数 table 是待处理的表格。
- 参数 column 是待扩展的列名，该列中的每个元素都是一个记录类型的数据。
- 参数 fieldNames 是一个列表，该列表中的元素对应等待扩展的记录数据中的名称，作为需要扩展的列。
- 参数 newColumnNames 给出了扩展生成的新列的名称。扩展表格时，记录数据会生成新的列，而非记录数据的原始表格中的数据会根据当前行中记录数据扩展的新行复制到每个新行中。
- 返回值是扩展后的表格。

5.2.5　对表格中值为列表类型的数据进行扩展

可以使用 Table.ExpandListColumn()函数对表格中值为列表类型的数据进行扩展，该函数的语法形式如下。

```
Table.ExpandListColumn(table as table, column as text) as table
```
- 参数 table 是待处理的表格。
- 参数 column 是待扩展的列名，该列中的每个元素都是一个列表类型的数据，扩展表格时，列表数据会生成新的列，而非列表数据的原始表格中的数据会根据当前行中列表数据扩展的新行复制到每个新行中。
- 返回值是扩展后的表格。

5.2.6　删除表格中的列

当不再需要表格中的某列时，可以使用 Table.RemoveColumns()函数删除该列，该函数的语法形式如下。

```
Table.RemoveColumns(table as table, columns as any, optional missingField as
nullable number) as table
```
- 参数 table 是待处理的表格。
- 参数 columns 是待删除的列名。
- 返回值是删除指定列后的表格。

5.2.7 拆分表格中的列

可以使用 Table.SplitColumn()函数将表格中的指定列按照给定的拆分函数拆分为若干个新列，该函数的语法形式如下。

```
Table.SplitColumn(table as table, sourceColumn as text, splitter as function,
optional columnNamesOrNumber as any, optional default as any, optional extraColumns
as any) as table
```

- 参数 table 是待拆分的表格。
- 参数 sourceColumn 是待拆分的列名。
- 参数 splitter 是拆分指定列数据的拆分函数。
- 返回值是拆分列后的表格。

5.2.8 获取表格中的列名

在处理过程中，可以获取表格各列的名称，以方便后续进行数据处理。可以使用 Table.ColumnNames()函数获取作为参数的表格的各列名称，然后将这些列名组织为一个文本列表返回。该函数的语法形式如下。

```
Table.ColumnNames(table as table) as list
```

5.3 常见数据源中数据的获取

5.3.1 文本数据的获取

通常可以从文本文件或 CSV 文件中获取按格式组织好的文本类型的数据，并将它们转换为结构化的表格数据。

可以使用 Csv.Document()函数从文本文件或 CSV 文件中获取文本数据，该函数的语法形式如下。

```
Csv.Document(source as any, optional columns as any, optional delimiter as any,
optional extraValues as nullable number, optional encoding as nullable number) as table
```

- 参数 source 表示数据源文件的名称。
- 参数 columns 表示想要获取的列的信息，可以是列的数量或者列名等信息。
- 参数 delimiter 表示同一行数据之间的分隔符，默认的分隔符是逗号。
- 参数 extraValues 表示额外值类型。
- 参数 encoding 表示文本文件的字符集编码。
- 除了第一个参数外的其他信息可以组织成一个记录类型的参数，该函数将获取的数据以表格形式返回。

【例 5-6】获取一个以空格作为分隔符，第一行数据表示标题的文本文件的数据，其内容是某年度中国各地区的农作物产量信息，如图 5-8 所示。使用如下代码可以实现文本数据获取和简单的转换任务（读者请注意 agri.txt 文件在自己计算机上的存储位置），得到的表格数据如图 5-9 所示。

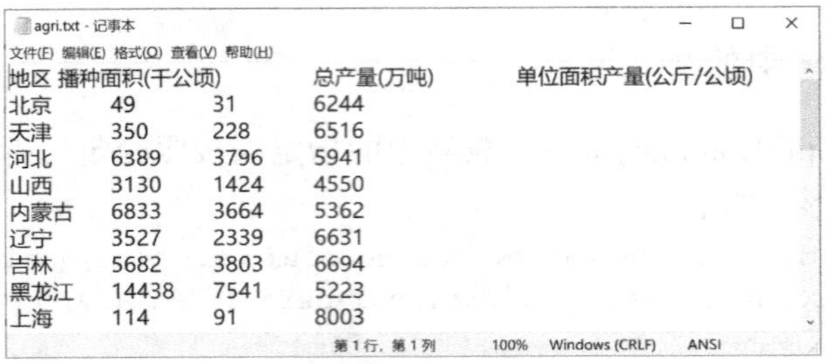

地区	播种面积(千公顷)	总产量(万吨)	单位面积产量(公斤/公顷)
北京	49	31	6244
天津	350	228	6516
河北	6389	3796	5941
山西	3130	1424	4550
内蒙古	6833	3664	5362
辽宁	3527	2339	6631
吉林	5682	3803	6694
黑龙江	14438	7541	5223
上海	114	91	8003

图 5-8　原始农作物产量信息

```
let
source =
 Csv.Document(File.Contents("D:\RESOURCES\agri.txt"),4,"",ExtraValues.Ignore,936),
   t1 = Table.PromoteHeaders(source, [PromoteAllScalars=true]),
   t2 = Table.TransformColumnTypes(t1,{{"地区", type text}, {"播种面积(千公顷)", Int64.Type}, {"总产量(万吨)", Int64.Type}, {"单位面积产量(公斤/公顷)", Int64.Type}})
in
t2
```

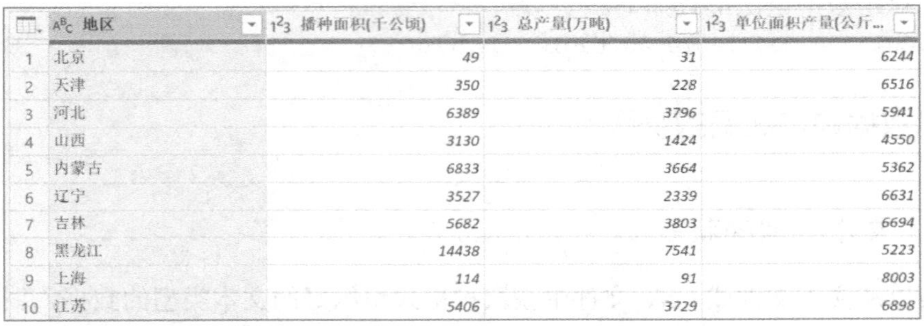

	地区	播种面积(千公顷)	总产量(万吨)	单位面积产量(公斤...
1	北京	49	31	6244
2	天津	350	228	6516
3	河北	6389	3796	5941
4	山西	3130	1424	4550
5	内蒙古	6833	3664	5362
6	辽宁	3527	2339	6631
7	吉林	5682	3803	6694
8	黑龙江	14438	7541	5223
9	上海	114	91	8003
10	江苏	5406	3729	6898

图 5-9　读取和整理后农作物产量信息的 Power BI 表格

5.3.2　Excel 数据的获取

可以配合使用 File.Contents()和 Excel.Workbook ()函数从 Excel 文件中获取文本数据。

File.Contents()函数的语法形式如下。

```
File.Contents(path as text, optional options as nullable record) as binary
```

- 参数 path 表示要获取的数据的文件路径。该函数将文件内容以二进制形式读取后返回。

Excel.Workbook()函数的语法形式如下。

```
Excel.Workbook(workbook as binary, optional useHeaders as nullable logical, optional delayTypes as nullable logical) as table
```

- 参数 workbook 表示数据源 Excel 文件中内容的二进制映像。
- 参数 useHeaders 表示是否使用标题行。
- 参数 delayTypes 表示是否延迟指定类型。
- 函数的返回值是一个表格，Excel 文件中的每个工作表作为一个表格中的行被识别。

【例 5-7】包含某些产品销售数据的 Excel 文件如图 5-10 所示。可以使用如下代码获取数据，处理完成的表格如图 5-11 所示。

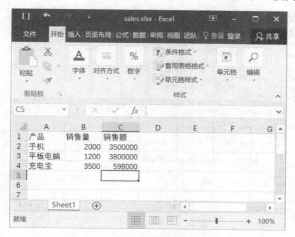

图 5-10　包含产品销售数据的 Excel 文件

```
let
    source = Excel.Workbook(File.Contents("D:\RESOURCES\sales.xlsx"), null, true),
    Sheet1_Sheet = source{[Item="Sheet1",Kind="Sheet"]}[Data],
    t1 = Table.PromoteHeaders(Sheet1_Sheet, [PromoteAllScalars=true]),
    t2 = Table.TransformColumnTypes(t1,{{"产品", type text}, {"销售量", Int64.Type},
{"销售额", Int64.Type}})
in
    t2
```

AᴮC 产品	1²₃ 销售量	1²₃ 销售额
1　手机	2000	3500000
2　平板电脑	1200	3800000
3　充电宝	3500	598000

图 5-11　提取并转换产品销售数据后的 Power BI 表格

5.3.3　网页数据的获取

可以配合使用 File.Contents() 和 Web.Page () 函数从网页文档中获取文本数据。

Web.Page () 函数的语法形式如下。

```
Web.Page(html as any) as table
```

该函数唯一的参数 html 表示数据源网页文档的 HTML 源代码。该函数的返回值是一个表格，网页文档本身和网页文档包含的表格属性及数据被识别后分别作为结果表格的一行。当需要进行后续处理时，可以指明提取该函数返回的结果表格中的哪一行来获取相应的实际表格数据。

【例 5-8】包含美元兑换一些国家或地区货币的汇率信息的网页文档如图 5-12 所示，该文档包含两个表格，一个是美元兑换其他国家货币的汇率信息前 10 名的表格，另一个是美元兑换其他国家或地区货币的汇率信息表格。可以使用如下代码获取网页文档中的表格数据，处理完成的表格如图 5-13 所示。

文件(F) 编辑(E) 查看(V) 收藏夹(A) 工具(T) 帮助(H)

Rates Table Converter 1 US Dollar Rates table

Top 10 Jun 19, 2018 01:53 UTC

US Dollar	1.00 USD	inv. 1.00 USD
Euro	0.859210	1.163860
British Pound	0.753671	1.326838
Indian Rupee	68.071943	0.014690
Australian Dollar	1.348817	0.741391
Canadian Dollar	1.320290	0.757409
Singapore Dollar	1.350993	0.740197
Swiss Franc	0.992793	1.007260
Malaysian Ringgit	3.997926	0.250130
Japanese Yen	109.999806	0.009091
Chinese Yuan Renminbi	6.445768	0.155141

Alphabetical order Jun 19, 2018 01:53 UTC

US Dollar	1.00 USD	inv. 1.00 USD
Argentine Peso	27.614641	0.036213
Australian Dollar	1.348817	0.741391
Bahraini Dinar	0.376000	2.659574
Botswana Pula	10.321897	0.096881
Brazilian Real	3.748245	0.266792
Bruneian Dollar	1.350993	0.740197
Bulgarian Lev	1.680469	0.595072
Canadian Dollar	1.320290	0.757409
Chilean Peso	636.704898	0.001571
Chinese Yuan Renminbi	6.445768	0.155141
Colombian Peso	2923.970367	0.000342
Croatian Kuna	6.342339	0.157671
Czech Koruna	22.157043	0.045132
Danish Krone	6.403041	0.156176
Euro	0.859210	1.163860

图 5-12 原始的汇率信息网页

```
let
    source = Web.Page(File.Contents("file://D:\RESOURCES\part3.html")),
    Data0 = source{0}[Data],
    t1 = Table.TransformColumnTypes(Data0,{{"US Dollar", type text}, {"1.00 USD", type number}, {"inv. 1.00 USD", type number}})
in
    t1
```

	US Dollar	1.00 USD	inv. 1.00 USD
1	Euro	0.85921	1.16386
2	British Pound	0.753671	1.326838
3	Indian Rupee	68.071943	0.01469
4	Australian Dollar	1.348817	0.741391
5	Canadian Dollar	1.32029	0.757409
6	Singapore Dollar	1.350993	0.740197
7	Swiss Franc	0.992793	1.00726
8	Malaysian Ringgit	3.997926	0.25013
9	Japanese Yen	109.999806	0.009091
10	Chinese Yuan Renminbi	6.445768	0.155141

图 5-13 提取并整理汇率信息后的 Power BI 表格

5.4 文本数据的处理

5.4.1 文本数据的提取

在处理文本时，常常需要提取文本的部分内容来构成新的待处理数据，可以使用以下函数提取文本的部分内容。

1. 提取文本中指定位置的一个字符

可以使用 Text.At()函数提取文本中指定位置的一个字符，该函数的语法形式如下。

```
Text.At(text as nullable text, index as number) as nullable text
```

- 参数 text 表示原文本。
- 参数 index 表示从 0 开始的下标位置。
- 返回值是单个字符构成的文本数据。

例如，Text.At("china", 2)返回"I"，Text.At("中国南京", 2)返回"南"。

2. 从文本开始位置向后提取指定数量的字符构成子文本

可以使用 Text.Start ()函数从文本开始位置向后提取指定数量的字符构成子文本，该函数的语法形式如下。

```
Text.Start(text as nullable text, count as number) as nullable text
```

- 参数 text 表示原文本。
- 参数 count 表示提取的字符数。

例如，Text.Start("中国南京",2)返回"中国"。

3. 从文本结尾位置向前提取指定数量的字符构成子文本

可以使用 Text. End ()函数从文本结尾位置向前提取指定数量的字符构成子文本，该函数的语法形式如下。

```
Text.End(text as nullable text, count as number) as nullable text
```

- 参数 text 表示原文本。
- 参数 count 表示提取的字符数。

例如，Text.End("中国南京", 2)返回"南京"。

4. 从文本中的某个位置开始提取指定数量的字符构成子文本

可以使用 Text. Middle ()函数从文本中的某个位置开始提取指定数量的字符构成子文本，该函数的语法形式如下。

```
Text.Middle(text as nullable text, start as number, optional count as nullable
number) as nullable text
```

- 参数 text 表示原文本。
- 参数 start 表示提取的起始位置，其值为从 0 开始的下标。
- 可选参数 count 表示提取的字符数，默认一直提取到文本结尾位置。

例如，Text.Middle("中国江苏南京", 2,2)返回"江苏"，Text.Middle("中国江苏南京", 2)返回"江苏南京"。

5.4.2　拆分文本

有时候文本中的数据带有一定的格式，常见的有一个文本本身由某种特定符号分隔的多个子文本数据构成，此时可以使用 Text.Split()函数将这些子文本通过拆分的方式从原文本中提取出来。该函数的语法形式如下。

```
Text.Split(text as text, separator as text) as list
```

- 参数 text 表示待拆分的原文本。
- 参数 separator 表示作为分隔符的文本。
- 返回值是拆分出来的子文本构成的列表。

在表格处理中，将一列文本数据根据分隔符拆分为多列数据时，需要使用 Text.Split()函数处理每一行的原始文本数据。

使用 Text.Split("86-025-80008888", "-")可以将完整的电话号码文本拆分为国家代码"86"、地区编码"025"和座机号码"80008888" 3 个部分，返回值是一个列表{"86","025","80008888"}。

5.4.3　合并文本

有时候需要将多个文本合并成一段完整的文本，此时可以使用 Text.Combine()函数合并文本。在表格数据处理中，如果需要将多列数据合并为一列，则可以根据情况将非文本类型数据转换为文本类型数据，然后使用 Text.Combine()函数合并每一行数据。该函数的语法形式如下。

```
Text.Combine(texts as list, optional separator as nullable text) as text
```

- 参数 texts 表示待合并的多个文本构成的列表。
- 可选参数 separator 表示合并时用来分隔各个子文本的分隔符，在需要时可以使用分隔符将数据再拆分出来；当第二个参数为默认值时，所有子文本将无分隔地合并为完整的文本。

例如，使用 Text.Combine({"86","025","80008888"},"-")可以得到文本"86-025-80008888"，使用 Text.Combine({"86","025","80008888"})可以得到文本"8602580008888"。

5.4.4　文本数据处理案例——身份证号码解析

中国的身份证号码是典型的具有编码格式的文本。下面从"数据处理素材.xlsx"文件中导入"身份证号码"信息，在此基础上，根据身份证号码生成"地区编码""生日""性别"信息。在身份证号码文本中，前 6 个字符构成代表地区的编码文本；第 7～第 12 位或第 7～第 14 位字符代表出生日期。需要注意 15 位老身份证号码和 18 位新身份证号码的区别，15 位

文本数据处理
案例——身份证
号码解析

老身份证号码的第 7～第 12 位字符是出生日期，需加"19"；18 位新身份证号码的第 7～第 14 位字符是出生日期。可以根据 15 位老身份证号码的最后一位和 18 位新身份证号码的倒数第二位字符确定性别，奇数为男性，偶数为女性。

原始身份证号码数据如图 5-14 所示。

解决思路如下。

（1）根据数据表格中的"身份证号码"数据列，设计算法生成"地区编码""生日""性别" 3 个新的数据列。因此可以考虑设计 3 个函数，以每一行的"身份证号码"为输入数据，分别生成"地区编码""生日""性别" 3 列对应的数据。

（2）对于"地区编码"信息：算法思路是从左起获取"身份证号码"文本的前 6 个字符构成"地区编码"文本子字符串，因此可以使用文本函数中的 Text.Start()函数。

（3）对于"出生日期"信息：可以使用文本函数中的 Text.Middle ()函数获取"身份证号码"文本中的出生日期子字符串，但是需要根据"身份证号码"文本的长度判断是 18 位新身份证号码还是 15 位老身份证号码。新老身份证号码需要获取的文本子字符串的起始位置和长度都不同，而且老身份证号码还需要在生日子字符串的前面增加"19"子字符串；当生成出生日期文本子字符串后，再使用类型转换函数 Date.FromText()将出生日期子字符串转换为日期类型的数据，这是一个包含分支判断的操作序列。仅用一个 M 语言函数无法完成本任务，因此可以考虑编写一个自定义函数来生成"出生日期"信息。

	A^B_C 身份证号	A^B_C 籍贯
1	469003000028313	海南省
2	500106000011152569	重庆市
3	610100000012256285	陕西省
4	440100000005212851	广东省
5	320106000002053293	江苏省
6	220100000009222670	吉林省
7	11011600001228236X	北京市
8	370285000008196381	山东省

图 5-14　原始身份证号码数据

（4）对于"性别"信息：可以由"身份证号码"文本中的一个字符来进行判断，因此可以考虑使用 Text.At()函数提取单个字符，但是新老身份证号码中性别字符的位置是不同的，因此需要分情况进行判断处理；提取到性别字符后，需要根据其奇偶性进行判断，因此需要将文本数据转换为数值数据，可以考虑使用 Number.FromText()函数转换数据类型，再使用数值函数 Number.Mod()进行奇偶性判断。这个任务也需要编写一个自定义函数来完成。

实现代码如下。

（1）原始数据保存于 Excel 文件，可以使用 Power BI 中的"获取数据"功能，按照向导提示一步一步获取数据，主要操作对应的代码及注释如下。

```
//读取 Excel 文件
源 = Excel.Workbook(File.Contents("D:\RESOURCES\IDCARDS.xlsx"), null, true),
// 取出指定工作表中的数据
#"文本查找(身份证)_Sheet" = 源{[Item="文本查找(身份证)",Kind="Sheet"]}[Data],
// 指定获取的列及数据类型
更改的类型 = Table.TransformColumnTypes(#"文本查找(身份证)_Sheet",{{"Column1", type text}, {"Column2", type text}}),
// 将第一列数据提升为列名，并指定每列的数据类型
提升的标题 = Table.PromoteHeaders(更改的类型, [PromoteAllScalars=true]),
更改的类型 1 = Table.TransformColumnTypes(提升的标题,{{"身份证号码", type text}, {"籍贯", type text}}),
```

（2）定义生成"出生日期"信息的自定义函数 get_birthday()，该函数的具体代码及关键注释如下。

```
get_birthday = (myid as text)  =>let
    birthstr = if Text.Length(myid)=15 then  // 15 位老身份证号码，需要加前缀"19"
        "19" & Text.Middle(myid,6,2) & "-" & Text.Middle(myid,8,2) & "-" & Text.
```

```
Middle(myid,10,2)
        else
            if Text.Length(myid)=18 then    //对 18 位新身份证号码的处理
                Text.Middle(myid,6,4) & "-" & Text.Middle(myid,10,2) & "-" & Text.
Middle(myid,12,2)
            Else  // 既不是 15 位也不是 18 位，信息有错，出生日期用"1900-01-01"代替
                "1900-01-01",
            birthday = Date.FromText(birthstr)
    in
        birthday
```

（3）定义生成"性别"信息的自定义函数 get_gendre ()，该函数的具体代码及关键注释如下。

```
get_gendre = (myid as text) as text =>    let
    flag = if Text.Length(myid)=15 then  // 老身份证号码中的性别字符是最后一位
        Text.At(myid,14)
    else
        if Text.Length(myid)=18 then // 新身份证号码中的性别字符是倒数第二位
            Text.At(myid,16)
        Else  // 信息有错，用特殊值-1 代替
            "-1",
                num = Number.Mod(Number.FromText(flag),2),  // 转换为数值
            // 根据奇偶性判断，错误信息用"ERROR"表示
                res = if num=1 then "男性" else if num=0 then "女性" else "ERROR"
    in
        res,
```

（4）完整的 M 语言处理代码如图 5-15 所示，其中 table1、table2、table3 为自定义的依次添加在每列数据后的表格变量名。

```
let
    get_birthday = (myid as text)  =>    let
        birthstr = if Text.Length(myid)=15 then    // 15位老身份证号码，需要加前缀"19"
            "19" & Text.Middle(myid,6,2) & "-" & Text.Middle(myid,8,2) & "-" & Text.Middle(myid,10,2)
        else
            if Text.Length(myid)=18 then    // 对18位新身份证号码的处理
                Text.Middle(myid,6,4) & "-" & Text.Middle(myid,10,2) & "-" & Text.Middle(myid,12,2)
            else  // 既不是15位也不是18位，信息有错，出生日期用"1900-01-01"代替
                "1900-01-01",
            birthday = Date.FromText(birthstr)
        in
            birthday,
    get_gendre = (myid as text) as text =>    let
        flag = if Text.Length(myid)=15 then  // 老身份证号码中的性别字符是最后一位
            Text.At(myid,14)
        else
            if Text.Length(myid)=18 then // 新身份证号码中的性别字符是倒数第二位
                Text.At(myid,16)
            else  // 信息有错，用特殊值-1代替
                "-1",
                num = Number.Mod(Number.FromText(flag),2),  // 转换为数值
                // 根据奇偶性判断，错误信息用"ERROR"表示
                res = if num=1 then "男性" else if num=0 then "女性" else "ERROR"
        in
            res,
    源 = Excel.Workbook(File.Contents("D:\RESOURCES\IDCARDS.xlsx"), null, true),
    #"文本查找(身份证)_Sheet" = 源{[Item="文本查找(身份证)",Kind="Sheet"]}[Data],
    更改的类型 = Table.TransformColumnTypes(#"文本查找(身份证)_Sheet",{{"Column1", type text}, {"Column2", type text}}),
    提升的标题 = Table.PromoteHeaders(更改的类型, [PromoteAllScalars=true]),
    更改的类型1 = Table.TransformColumnTypes(提升的标题,{{"身份证号码 ", type text}, {"籍贯", type text}}),
    table1 = Table.AddColumn(更改的类型1,"地区编码", each Text.Start([身份证号码],6)),
    table2 = Table.AddColumn( table1,"出生日期", each get_birthday([身份证号码])),
    table3 = Table.AddColumn( table2,"性别", each get_gendre([身份证号码]))
in
    table3
```

图 5-15   处理身份证号码信息的 M 语言代码

最终生成的数据表格如图 5-16 所示。

	A^B_C 身份证号	A^B_C 籍贯	地区编码	出生日期	性别
1	469000000128313	海南省	469003	1963/1/28	男性
2	500106000011152569	重庆市	500106	1972/11/15	女性
3	610100000012256285	陕西省	610100	1985/12/25	女性
4	440100000005212851	广东省	440100	1972/5/21	男性
5	320106000002053293	江苏省	320106	1982/2/5	男性
6	220100000009222670	吉林省	220100	1988/9/22	男性
7	11011600001228236X	北京市	110116	1979/12/28	女性
8	370285000008196381	山东省	370285	1992/8/19	女性

图 5-16　身份证号码数据处理结果

5.5　数值数据的处理

在数据处理阶段，对数值数据的处理主要包括数值类型数据的转换和生成，而统计与计算分析则是 DAX 语言更擅长的事情。因此使用 M 语言对数值类型数据进行处理时，更倾向于利用已有的数据——对应地生成待分析的数值数据。对数值类型数据的处理主要用数值运算符和数值处理函数来实现。

5.5.1　常用函数

1. 数值的舍入运算

可以使用 Number.Round()函数实现实数的舍入运算，该函数的语法形式如下。

```
Number.Round(number as nullable number, optional digits as nullable number,
optional roundingMode as nullable number) as nullable number
```

- 参数 number 表示需要舍入的实数。
- 可选参数 digits 表示舍入发生的小数点位置，如果省略，则 number 将被舍入为最近的整数。
- 可选参数 roundingMode 表示舍入的方向，当其值为 RoundingMode.Up 时表示向上舍入，当其值为 RoundingMode.Down 时表示向下舍入。注意该参数只在待舍入小数位置的下一位为 5 时起作用，当不为 5 时，还是按小于 5 向下舍入，大于 5 向上进位的规则处理。
- 函数的返回值是根据参数要求舍入后的数值，如果传入的第一个参数 number 的值是空值，则返回值也是空值。

例如，Number.Round(1.23)的返回值为 1，Number.Round(1.53)的返回值为 2，Number.Round(-1.53)的返回值为-2，Number.Round(1.27,1)的返回值为 1.3，Number.Round(1.675,2,RoundingMode.Down)的返回值为 1.67，Number.Round(1.675,2,RoundingMode.Up)的返回值为 1.68，而 Number.Round(1.673,2,RoundingMode.Down)和 Number.Round(1.673,2,RoundingMode.Up)的返回值均为 1.67，Number.Round(1.676,2,RoundingMode.Down)和 Number.Round(1.676,2,RoundingMode.Up)的返回值均 1.68。

2．乘幂和对数运算

可以使用 Number.Power()函数实现乘幂运算，该函数的语法形式如下。

```
Number.Power(number as nullable number, power as nullable number) as nullable
number
```

该函数的返回值是 number 的 power 次方，如果两个参数中有一个为空值，则函数返回空值。例如，Number.Power(10,3)返回 1000，Number.Power(1.5,2)返回 2.25。注意求自然常数 e 的乘幂可以使用 Number.Exp()函数。

可以使用 Number.Log()函数实现对数运算，该函数的语法形式如下。

```
Number.Log(number as nullable number, optional base as nullable number) as nullable
number
```

该函数的返回值是以 base 为底的 number 的对数，如果第二个参数为默认值（自然常数 e），或者第一个参数 number 的值为空，则函数返回空值。

例如，Number.Log(100,10)返回 2，Number.Log(256,2)返回 8，Number.Log(2.718)返回 0.999896315728952。也可以使用 Number.Ln()函数求自然对数，使用 Number.Log10()函数求以 10 为底的对数。

5.5.2 数值数据处理案例——计算销售业绩奖金

"员工销售数据.xlsx"文件的"员工数据"表提供了某企业员工的个人情况和销售情况，现在需要计算每个员工的基础工资、奖金比例和实际收入，并根据如下规则产生 3 个新列："基础工资"列根据图 5-17 所示的规则由"文化程度"列生成，"资金比例"列根据图 5-18 所示的规则由"销售业绩段"列生成，"实际收入"列根据"基础工资+奖金"的规则生成。

数值数据处理案例——计算销售业绩奖金

文化程度	基础工资
博士研究生	5200
硕士研究生	4700
本科	4100
大专	3200

图 5-17　不同文化程度员工的基础工资

销售业绩段	奖金比例
＜ 40000	5%
[40000, 50000)	8%
>=50000	10%

图 5-18　不同销售业绩段的奖金比例

处理思路：可以为基础工资的计算和销售奖金的计算各设计一个函数。

具体实现代码如下。

```
let
    basesalary = (diploma as text) => let
    alary = if diploma="博士研究性" then 5200
        else if diploma="硕士研究性" then 4700
        else if diploma="本科" then 4100
        else 3200
    in
    salary,

    compute_bonus = (sales as number) => let
    bonus = if sales<40000 then sales*0.05
```

```
        else if sales>=40000 and sales<50000 then sales*0.08
        else sales*0.1
    in
    bonus,

    Source = Excel.Workbook(File.Contents("E:\tmp\员工销售数据.xlsx"), null, true),
    员工数据_Sheet = Source{[Item="员工数据",Kind="Sheet"]}[Data],
    #"Promoted Headers" = Table.PromoteHeaders(员工数据_Sheet, [PromoteAllScalars=true]),
    #"Changed Type" = Table.TransformColumnTypes(#"Promoted Headers",{{"工号",
Int64.Type}, {"姓名", type text}, {"身份证号码", type text}, {"文化程度", type text},
{"销售业绩", Int64.Type}}),
    table1 = Table.AddColumn( #"Changed Type","基础工资", each basesalary([文化程
度])),
    table2 = Table.AddColumn( table1,"奖金", each compute_bonus([销售业绩])),
    table3 = Table.AddColumn( table2,"实际收入", each ([基础工资]+[奖金]))
    in
    table3
```

5.6　日期时间数据的处理

5.6.1　日期和时间的生成

日期和时间数据除了可以从符合格式标准的文本数据转换而来外，也可以使用库函数生成。用于生成日期和时间的 M 语言函数如表 5-1 所示。

表 5-1　　　　　　　　　　　　　　　生成日期和时间的 M 语言函数

函数	作用	示例
DateTime.LocalNow() as datetime	返回由系统时间得到的调用时刻的日期和时间	DateTime.LocalNow()
#date(year as number, month as number, day as number) as date	根据给定的年、月、日分量构造一个日期数据	#date(2019,10,28)返回日期 2019-10-28
#time(hour as number, minute as number, second as number) as time	根据给定的时、分、秒分量构造一个时间数据	#time(9,30,0)返回时间 9:30:00
#datetime(year as number, month as number, day as number, hour as number, minute as number, second as number) as any	根据给定的年、月、日、时、分、秒分量构造一个日期时间数据	#datetime(2019,10,28,9,30,0) 返回日期时间数据 2019-10-28 9:30:00
DateTime.Date(dateTime as any) as nullable date	根据给出的参数得到其日期部分	DateTime.Date(#datetime(2019,10,28,9,30,0))返回日期 2019-10-28
DateTime.Time(dateTime as any) as nullable time	根据给出的参数得到其时间部分	DateTime.Time(#datetime(2019,10,28,9,30,0))返回时间 9:30:00

5.6.2　获取日期和时间分量

用于获取日期和时间分量的 M 语言函数如表 5-2 所示。

表 5-2   **获取日期和时间分量的 M 语言函数**

函数	作用	示例
Date.Year(dateTime as any) as nullable number	取年份分量	Date.Year(Date.FromText("2019-10-28"))返回年份 2019
Date.Month(dateTime as any) as nullable number	取月份分量	Date.Month(Date.FromText("2019-10-28"))返回月份 10
Date.Day(dateTime as any) as nullable number	取日期分量	Date.Day(Date.FromText("2019-10-28"))返回具体日期 28
Time.Hour(dateTime as any) as nullable number	取小时分量	Time.Hour(DateTime.FromText("2019-10-28T09:30:00")) 返回小时分量 9
Time.Minute(dateTime as any) as nullable number	取分分量	Time.Minute(DateTime.FromText("2019-10-28T09:30:00")) 返回分分量 30
Time.Second(dateTime as any) as nullable number`	取秒分量	Time.Second(DateTime.FromText("2019-10-28T09:30:00")) 返回秒分量 0

5.6.3　日期时间的计算

1．日期偏移的计算

日期偏移的计算主要计算以某个日期为基准，往前或往后偏移某段时间后对应的日期，可以用不同的时间单位进行偏移。用于日期偏移计算的 M 语言函数如表 5-3 所示。

表 5-3   **用于日期偏移计算的 M 语言函数**

函数	作用	示例
Date.AddDays(dateTime as any, numberOfDays as number) as any	以第一个参数为基准，偏移第二个参数给定的天数后的日期	Date.AddDays(Date.FromText("2019-10-28"),5)返回日期 2019-11-2；Date.AddDays(Date.FromText("2019-10-28"),-2)返回日期 2019-10-26
Date.AddMonths(dateTime as any, numberOfMonths as number) as any	以第一个参数为基准，偏移第二个参数给定的月份数后的日期	Date.AddMonths(Date.FromText("2019-10-28"),1)返回日期 2019-11-28
Date.AddQuarters(dateTime as any, numberOfQuarters as number) as any	以第一个参数为基准，偏移第二个参数给定的季度数后的日期	Date.AddQuarters(Date.FromText("2019-10-28"),1)返回日期 2020-1-28
Date.AddWeeks(dateTime as any, numberOfWeeks as number) as any	以第一个参数为基准，偏移第二个参数给定的星期数后的日期	Date.AddWeeks(Date.FromText("2019-10-28"),2)返回日期 2019-11-11
Date.AddYears(dateTime as any, numberOfears as number) as any	以第一个参数为基准，偏移第二个参数给定的年份数后的日期	Date.AddYears(Date.FromText("2019-10-28"),1)返回日期 2020-10-28

2．日期定位的计算

日期定位的计算主要计算以某个日期为基准，为给定的日期排序，或者判断给定的日期是否位于指定的时间段内。用于日期定位计算的 M 语言函数如表 5-4 所示。

表 5-4　　　　　　　　　　　　用于日期定位计算的 M 语言函数

函数	作用	示例
Date.DayOfWeek(dateTime as any, optional firstDayOfWeek as nullable number) as nullable number	计算第一个参数给定的日期在其所在星期的第几天，返回值为 0～6；第二个可选参数表示以星期几作为一个星期的开始，可以使用 Day.Sunday、Day.Monday 等，如果省略的话，则默认值取决于当前系统所在国家的文化习惯	在我国，Date.DayOfWeek(Date.FromText("2019-10-28"))返回 0，Date.DayOfWeek(Date.FromText("2019-10-28"),Day.Sunday)返回 1
Date.DayOfWeekName(date as any, optional culture as nullable text)	计算第一个参数给定的日期是星期几，第二个可选参数是表示文化习惯的文本	Date.DayOfWeekName(Date.FromText("2019-10-28"))返回 "星期一" Date.DayOfWeekName(Date.FromText("2019-10-28"),"en-us")返回 "Monday"
Date.DayOfYear(dateTime as any) as nullable number	计算第一个参数给定的日期是所在年份的第几天	Date.DayOfYear(Date.FromText("2019-10-28"))返回 301
Date.WeekOfYear(dateTime as any, optional firstDayOfWeek as nullable number) as nullable number	计算第一个参数给定的日期在其所在年份的第几个星期；第二个可选参数表示以星期几作为一个星期的开始，可以使用 Day.Sunday、Day.Monday 等，如果省略的话，则默认值取决于当前系统所在国家的文化习惯	Date.WeekOfYear(Date.FromText("2019-10-28"))返回 44
Date.QuarterOfYear(dateTime as any) as nullable number	计算第一个参数给定的日期在其所在年份的第几个季度	Date.QuarterOfYear(Date.FromText("2019-10-28"))返回 4
Date.IsLeapYear(dateTime as any) as nullable logical	判断第一个参数给定的日期所在年份是否是闰年	Date.IsLeapYear(Date.FromText("2019-10-28"))返回 false

5.6.4　日期时间数据处理案例——生成简易日期表

日期时间数据处理案例——生成简易日期表

有时候需要生成指定起止时间段内的包含年、月、日、星期、季度等信息的日期表，例如，在分析财务数据时需要借助日期表来进行统计分析。

生成日期表的关键在于先根据起止时间段生成由该时间段内每一天的日期数据构成的列表，然后将其转换为表格，接着使用日期函数根据日期数据列生成其他各个信息列。下面生成图 5-19 所示的简易日期表，其相关代码及对应注释如下。

```
let
    // 起始和截止日期，这里使用构造方式演示，实际操作时可以从其他数据源获取
    start = #date(2019,2,28),
    end = #date(2020,2,5),
    /* 使用列表生成函数构造包含每一天日期数据的列表，这里的用法是以 start 为起始值，在生成的列
表元素值小于等于 end 值时，继续使用 Data.AddDays()函数以一天为偏移量生成下一个列表元素 */
    workdays = List.Generate(()=>start, each _ <= end, each Date.AddDays(_,1)),
    // 将列表转换成只有一个 "日期" 列的表格
    call = Table.FromColumns({workdays},{"日期"}),
    // 设置类型为 date
```

```
cal2 = Table.TransformColumnTypes(cal1,{"日期", type date}),
// 使用 Date.Year() 函数生成年份列
cal3 = Table.AddColumn(cal2,"年", each Date.Year([日期]),type number),
// 使用 Date.Month() 函数生成月份列
cal4 = Table.AddColumn(cal3,"月", each Date.Month([日期]),type number),
// 使用 Date.Day() 函数生成日子列
cal5 = Table.AddColumn(cal4,"日", each Date.Day([日期]),type number),
// 使用 Date.DayOfWeek() 函数生成星期列，表示该日期是星期几
cal6 = Table.AddColumn(cal5,"星期", each Date.DayOfWeek([日期]),type number),
// 使用 Date.QuarterOfYear() 函数生成季度列
cal7 = Table.AddColumn(cal6,"季度", each Date.QuarterOfYear([日期]),type number),

    res = cal7
in
    res
```

	日期	1.2 年	1.2 月	1.2 日	1.2 星期	1.2 季度
1	2019/2/28	2019	2	28	3	1
2	2019/3/1	2019	3	1	4	1
3	2019/3/2	2019	3	2	5	1
4	2019/3/3	2019	3	3	6	1
5	2019/3/4	2019	3	4	0	1
6	2019/3/5	2019	3	5	1	1
7	2019/3/6	2019	3	6	2	1
8	2019/3/7	2019	3	7	3	1
9	2019/3/8	2019	3	8	4	1
10	2019/3/9	2019	3	9	5	1
11	2019/3/10	2019	3	10	6	1
12	2019/3/11	2019	3	11	0	1
13	2019/3/12	2019	3	12	1	1
14	2019/3/13	2019	3	13	2	1
15	2019/3/14	2019	3	14	3	1

图 5-19　生成的简易日期表

5.7　JSON 数据的处理

JSON 数据的处理

JSON 格式作为目前网络上数据转换时使用的轻量级标准，已经得到广泛应用，因此对 JSON 数据进行处理也是非常常见的任务。

5.7.1　JSON 数据的转换和读取

1. JSON 数据的转换

可以使用 Json.FromValue() 函数将不同类型的数据转换为 JSON 对象，该函数的语法形式如下。

```
Json.FromValue(value as any, optional encoding as nullable number) as binary
```

● 该函数将参数 value 给出的某种类型的数据转换为 JSON 对象，数据具体的类型和转换后得到的 JSON 对象如下。

◇ null、文本和逻辑值被表示为相应的 JSON 类型。

◇ 数字被表示为 JSON 对象中的数字，特殊常量#infinity、-#infinity 和#nan 会被转换为空值。

    ◇　列表被表示为 JSON 数组。

    ◇　记录被表示为 JSON 对象。

    ◇　表格被表示为对象数组。

    ◇　date、time、datetime、datetimezone、duration 类型的数据被表示为 ISO-8601 格式的文本。

    ◇　二进制值被表示为 Base 64 编码格式的文本。

    ◇　如果传入的不是数据，而是数据类型或函数，则会产生一个错误。

● 参数 encoding 表示使用的文本编码，默认值为 UTF8。

2. JSON 数据的读取

可以使用 Json.Document()函数读取外部的 JSON 数据并将其转换为相应类型的数据，该函数的语法形式如下。

```
Json.Document(jsonText as any, optional encoding as nullable number) as any
```

该函数将参数 jsonText 表示的 JSON 文本转换为相应的 M 语言内部数据类型的数据，对应关系和 Json.FromValue()函数说明中的类似，例如，将 JSON 对象转换为记录，将 JSON 数组转换为列表。参数 encoding 表示使用的文本编码，默认值为 UTF8。如果读取 JSON 数据时出现乱码，则需要考虑修改数据源中的字符集编码设置。

5.7.2　JSON 数据的整理

读入 JSON 数据后，最终的目标是将其整理成表格的形式，为后续的数据分析做准备。因此，JSON 数据的整理工作主要是通过数据处理将 JSON "名称-值"对中的"名称"识别为列属性，将"值"识别为行属性，其主要步骤是通过与 JSON 数据表示对应的 M 语言中各数据类型之间的转换来实现的。

1. 层次型 JSON 数据的转换

层次型 JSON 数据是具有树形层次结构的数据的 JSON 表示，例如，图 5-20 所示为国家行政区划分中的国家-省-市树形层次结构 JSON 对象。作为最顶层的 JSON 对象，表示该对象属性的名称-值对，如图 5-20 中的"country": "中国"；并表示下属节点的名称-值对，其值是一个 JSON 数组，该 JSON 数组中的每个 JSON 数据的定义又具有相同的特点。当在 Power BI 中对 JSON 数据进行处理时，最终的目标是将其转换为一个表格，上层节点的值将扩展到其下属的节点对应的每一行。图 5-20 所示的 JSON 数据处理后得到的表格如图 5-21 所示。

```
{ "country": "中国",
  "province":[{ "name":"黑龙江", "cities":{ "city":["哈尔滨","大庆"] } },
           { "name":"广东", "cities":{ "city":["广州","深圳","珠海"] } },
           { "name": "四川", "cities": { "city": ["成都"] } }]
}
```

图 5-20　国家-省-市树形层次结构的 JSON 对象

	ABC 123 country	▼	ABC 123 province	▼	ABC 123 city	▼
1	中国		黑龙江		哈尔滨	
2	中国		黑龙江		大庆	
3	中国		广东		广州	
4	中国		广东		深圳	
5	中国		广东		珠海	
6	中国		四川		成都	

图 5-21　国家-省-市树形层次结构 JSON 对象处理后得到的 Power BI 表格

这里需要明确之前介绍过的 JSON 数据表示和 M 语言内部数据类型的关系：一般单个 JSON 对象会被转换为记录；JSON 对象构成的数组会被转换为列表，而该列表中的每个元素都是一个记录。

因此，处理树形层次结构的 JSON 数据的基本思路是：先将 JSON 数据读入并转换为记录数据，然后将记录数据转换为表格，最后根据表格中存储的原 JSON 数据的情况，使用扩展的方式将父节点的值逐层扩展到子节点对应的每一行。

例如，图 5-20 中数据的处理代码及基本思路的解释如下。

```
let
    // 第1步，读取 JSON 数据，注意指定文本编码，否则可能出现乱码
    step1 = Json.Document(File.Contents("D:\RESOURCES\city.json"),936),
    // 第2步，将得到的记录数据转换为表格数据
    step2 = Record.ToTable(step1),
    // 第3步，将表格的行列转换，理顺标题与数据之间的关系
    step3 = Table.Transpose(step2),
    // 第4步，将第一行数据提升为列标题，这里的列标题就是最顶层 JSON 对象中的名称
    step4 = Table.PromoteHeaders(step3, [PromoteAllScalars=true]),
    // 第5步，扩展第一层节点所属的 JSON 数组对应的列表，列表展开后的行数由原 JSON 数组的元素
个数决定
    step5 = Table.ExpandListColumn(step4,"province"),
    // 第6步，原数组中的每个元素都是 JSON 对象，现在是记录，再次扩展，并根据记录的名称-值对情
况扩展为多列
    step6 = Table.ExpandRecordColumn(step5, "province", {"name", "cities"},
{"province", "cities"}),
    // 第7步，扩展后还是 JSON 对象，虽然它只有一个名称-值对，继续扩展
    step7 = Table.ExpandRecordColumn(step6,"cities",{"city"},{"city"}),
    // 第8步，现在是列表，因为之前的值是文本数组，所以继续扩展列表
    step8 = Table.ExpandListColumn(step7,"city"),
    // 处理完毕
    result = step8
    //#"展开的"province.cities"" = Table.ExpandRecordColumn(result, "province.cities",
{"city"}, {"province.cities.city"})

in
    //#"展开的"province.cities""
    result
```

2．表格型 JSON 数据的转换

有些 JSON 数据包含多个名称-值对，每个名称都是一个属性名，对应的值是一个数据序列，而每个名称-值对中值对应的数据序列的长度是相同的。因此这其实是一个表格数据的 JSON 表示，每个名称-值对代表表格中的一列。

图 5-22 所示的数据集包含了若干个城市的名称及其 GDP 数据，要求将其整理成一个数据表，包括城市名和该城市的 GDP 两列数据。在原始的 JSON 数据中，城市名和该城市的 GDP 在相应列表中用相同的下标确定。处理完成后的数据表如图 5-23 所示。

处理思路如下。

表格型 JSON 数据的每个名称-值对中的名称会作为最终表格中的列名，而值是一个列表，会作为该列的值。因此基本处理思路是从表格型 JSON 数据中取出每个名称-值对中的值，构成一个列表的子列表，然后直接将其转换为表格数据，而所有的名称用作表格的列名。

```
{
"cities":{
    "city":["广州", "深圳", "珠海" ]
    },
"GDP":{
    "gdp":[10000,10000,8000]
    }
}
```

图 5-22　城市 GDP 数据 JSON 对象

ABC 123 cities	ABC 123 GDP
1　广州	10000
2　深圳	10000
3　珠海	8000

图 5-23　城市 GDP 数据 JSON 对象处理后得到的 Power BI 表格

处理图 5-22 所示的表格型 JSON 数据的主要思路及相关代码如下。

```
let
    // 读取表格型 JSON 数据，得到一个记录
    step1 = Json.Document(File.Contents("D:\RESOURCES\gdp.json"),936),
    // 从记录中得到所有的名称，构成一个列表
    tmpnames = Record.FieldNames(step1),
    // 从记录中得到所有值，这里每个值都是一个列表，且列表的元素个数相同，最终构成一个列表的子
列表
    step2 = Record.ToList(step1),
    // 转换列表的子列表得到一个表格，表格的列名由之前得到名称列表指定
    step3 = Table.FromColumns(step2,tmpnames),
    // 得到最终结果
    result = step3
in
    result
```

5.8 数据处理综合案例——半结构化 Excel 数据的处理

数据处理综合案例——半结构化 Excel 数据的处理

有的时候从外部数据源导入的数据并不是完全结构化的，包括 Excel 文件、网页文档、JSON 对象等。但是这些数据本身是可以通过业务逻辑结合数据表示格式进行解析，然后通过数据处理手段将其结构化并存储在 Power BI 的数据表格对象。本节介绍半结构化 Excel 数据的处理，基本思路是通过业务逻辑并结合单元格位置进行数据解析和提取。网页半结构化数据处理的思路与 Excel 的类似，因为 Excel 和网页半结构化数据主要还是以表格形式存在的。下一节介绍 JSON 格式半结构化数据的解析，其基本思路则是将业务逻辑结合 JSON 语法结构。

接下来通过一个例子介绍处理 Excel 半结构化数据的方法。

某个文件夹中存储了一系列 Excel 文件，每个 Excel 文件都存储着一个上市企业某个时期的若干重要财务指标数据，并以杜邦分析形式表示，如图 5-24 所示。已知每个 Excel 文件存储的企业信息都具有相同的格式，现要求将 Excel 文件中企业的财务指标数据提取出来，并转换成 Power BI 内部的数据表形式。

	A	B	C	D	E	F	G	H	I	J	K
1	股票代码			600406			公司名称			国电南瑞	
2						净资产收益率					
3						7.63%					
4			总资产净利率			归属母公司股东的净利润占比			权益乘数		
5			4.30%			93.97%			1.89		
6	营业净利润率			×		总资产周转率		1÷(1-		资产负债率	)
7			13.30%			0.32次			44.21%		
8	净利润	÷	营业总收入		营业总收入	÷	资产总额	负债总额	÷	资产总额	
9	22.8亿		172亿		172亿		538亿	238亿		538亿	

图 5-24 半结构化的上市企业财务指标数据

基本处理思路如下。

（1）这里出现的数据是半结构化的，体现在：数据没有严格按照行列的形式排列，每列不是代表一个属性的数据，并具有不同的类型。

（2）Excel 工作表中的每个原子数据本质上是存储在一个单元格内的，图 5-24 所示的杜邦分析效果是通过合并单元格、设置居中对齐等单元格格式的方式实现的，当删除所有单元格的格式设置后，可以看到最原始的每个数据所在的单元格位置，如图 5-25 所示。例如，财务指标名称"净资产收益率"位于 A2 单元格，也就是其行列位置为第 1 列第 2 行；该指标的值 7.63% 位于 A3 单元格，也就是其行列位置为第 1 列第 3 行。

（3）Excel 工作表被导入 Power BI 并转换为表格对象后，其行列与 Excel 工作表中的行列是对应的，如图 5-26 所示。这里的半结构化 Excel 工作表转换成 Power BI 表格对象后，因为标题和数据没有明显的划分，所以所有数据都作为文本类型的数据被识别，而没有值的 Excel 工作表单元格对应的 Power BI 表格对象单元格的值是空值。

（4）因此，对于一个 Excel 文件，可以在程序中提供原 Excel 工作表中各数据标题和具体数值的位置，以便在转换后的 Power BI 表格中提取相应单元格的值，从而构造标题列表和数据列表；再将列表转换为 Power BI 表格，实现半结构化 Excel 表的结构化处理，构成最终表格中的一行数据。

	A	B	C	D	E	F	G	H	I	J	K
1	股票代码	600406				公司名称	国电南瑞				
2	净资产收益率										
3	7.63%										
4	总资产净利率					归属母公司股东的净利润占比		权益乘数			
5	4.30%					93.97%		1.89			
6	营业净利润率			×	总资产周转率			1÷(1-	资产负债率		)
7	13.30%				0.32次				44.21%		
8	净利润	÷	营业总收入		营业总收入	÷	资产总额		负债总额	÷	资产总额
9	22.8亿		172亿		172亿		538亿		238亿		538亿

图 5-25　Excel 表格中各财务指标数据的真实位置

（5）为了能够自动化地获取需要提取的数据及其标题的位置，可以构造一个模板 Excel 表，用于说明每个标题、其对应的数据以及提取后在 Power BI 表格中的次序，如图 5-27 所示。这样在将 Excel 表导入 Power BI 表后，可以按行属性将表格拆分成单行，然后按照从首行到尾行的顺序将所有行合并成一行数据，就可以使用 Power Query 的 List.PositionOf() 函数来自动提取所有标题和数据的位置，进而在真实财务数据表格中提取相关数据及其对应的标题。

（6）对文件夹内的文件逐个处理，获取所有的企业数据表格，然后合并这些表格，再对每一列数据进行合适的处理并为其指定正确的数据类型，即可得到结构化后的所有企业的财务指标数据表格。

Column1	Column2	Column3	Column4	Column5	Column6	Column7	Column8	Column9	Column10	Column11	Column12
股票代码	600406	null	null	null	公司名称	国电南瑞	null	null	null	null	null
净资产收益率	null	null	null	null			null	null	null	null	null
0.0763	null	null	null	null			null	null	null	null	null
总资产净利率	null	null	null	null	归属母公司股东的	权益乘数	null	null	null	null	null
0.043	null	null	null	null	0.9397		null	1.89	null	null	null
营业净利润率	null	null	×	总资产周转率	null	1÷(1-		资产负债率	null	)	null
0.133	null	null		0.32次	null			0.4421	null		null
净利润	÷	营业总收入	null	营业总收入	÷	资产总额	null	负债总额		资产总额	null
22.8亿	null	172亿	null	172亿	null	538亿	null	238亿	null	538亿	null

图 5-26　Excel 财务数据表格被读入 Power BI 表格对象后的位置

	A	B	C	D	E	F	G	H	I	J	K
1	标题1			数据1			标题2		数据2		
2							标题3				
3							数据3				
4				标题4			标题5		标题6		
5				数据4			数据5		数据6		
6		标题7		×			标题8	1÷(1-	标题9		)
7		数据7					数据8		数据9		
8	标题10	÷	标题11			÷	标题12		标题13	÷	
9	数据10		数据11				数据12		数据13		

图 5-27　财务数据 Excel 表格的位置标识模板

下面先给出提取一个 Excel 文件中半结构化信息的代码及对应注释。

```
let
    // 打开位置模板文件
    modelfile = Excel.Workbook(File.Contents("D:\RESOURCES\模板.xlsx"), null,
true),
    // 获取财务指标位置模板数据表格，并将其转换为表格对象
    model_Sheet1_Sheet = modelfile{[Item="Sheet1",Kind="Sheet"]}[Data],
```

```
        // 表格对象各列的数据类型先设置为文本类型
        model_t1 = Table.TransformColumnTypes(model_Sheet1_Sheet,{{"Column1", type
text}, {"Column2", type text}, {"Column3", type text}, {"Column4", type text},
{"Column5", type text}, {"Column6", type text}, {"Column7", type text}, {"Column8",
type text}, {"Column9", type text}, {"Column10", type text}, {"Column11", type text},
{"Column12", type text}}),
        // 将表格对象分解为各列并保存到 t2 中，这是一个列表的子列表，每个列表元素代表一列
        model_t2 = Table.ToColumns(model_t1),
        // 将所有列按照从前往后的次序合并成一列
        model_t3 = List.Combine(model_t2),
        // 自动按照需要提取的标题数量生成标题位置关键字"标题1"..."标题13"，这里有13个指标需
要提取
        titletext = List.Transform({1..13},each "标题"&Number.ToText(_)),
        // 以上面生成的标题关键字为搜索目标，在合并为一列的表格数据查找各个标题的位置
        title_pos = List.Combine(List.Transform(titletext,each List.PositionOf(model_
t3,_,List.Count(model_t3))))),
        // 自动按照需要提取的数据数量生成数据位置关键字"数据1"..."数据13"，同上，这里有13个
指标需要提取
        datatext = List.Transform({1..13},each "数据"&Number.ToText(_)),
        // 以上面生成的数据关键字为搜索目标，在合并为一列的表格数据查找各个数据的位置
        data_pos = List.Combine(List.Transform(datatext,each List.PositionOf(model_t3,
_,List.Count(model_t3))))),

        // 获取公司数据 Excel 文件的内容
        datafile = Excel.Workbook(File.Contents("D:\RESOURCES\unit1.xlsx"), null,
true),
        // 获取财务指标数据表格，并将其转换为表格对象
        data_Sheet1_Sheet = datafile{[Item="Sheet1",Kind="Sheet"]}[Data],
        // 表格对象各列的数据类型待定
        data_t1 = Table.TransformColumnTypes(data_Sheet1_Sheet,{{"Column1", type
text}, {"Column2", type text}, {"Column3", type text}, {"Column4", type text},
{"Column5", type text}, {"Column6", type text}, {"Column7", type text}, {"Column8",
type text}, {"Column9", type text}, {"Column10", type text}, {"Column11", type text},
{"Column12", type text}}),
        // 和模板处理方法一样，将表格对象分解为各列并保存到 t2 中，这是一个列表的子列表，每个列表
元素代表一列
        data_t2 = Table.ToColumns(data_t1),
        // 将所有数据列按照从前往后的顺序合并成一列
        data_l3 = List.Combine(data_t2),
        // 根据标题位置在合并成一列的数据中提取目标指标的标题信息
        title = List.Transform(title_pos, each data_l3{_}),
        // 根据数据位置在合并成一列的数据中提取目标指标的数据信息
        data = List.Transform(data_pos, each data_l3{_}),
        // 在将其转换为 Power BI 表格时，从一个 Excel 文件中识别的数据是一行，只有需要转换为列表
的子列表，才能用于表格对象的转换
        data1 = {data},
        // 指定列标题和行数据，处理一个文件只能得到一行，使用 Table.FromRows() 函数将其转换为
Power BI 表格对象
        res = Table.FromRows(data1,title)
    in
        res
```

最终获得的一行数据的表格如图 5-28 所示。

	股票代码	公司名称	净资产收益率	总资产净利率	归属母公司股东的...	
1	600406	国电南瑞	0.076300000000000007	0.042999999999999997	0.93969999999999998	1.89

图 5-28　每个 Excel 文件中的上市企业财务数据转换为 Power BI 表格中的一行

当需要对一个文件夹中的文件逐个进行处理时，可以将根据模板提取标题和数据的单元格位置的代码封装为一个函数，然后将处理一个数据文件的代码也封装为函数，根据文件、标题和数据的位置来提取和转换数据，具体思路和相应的实现如下。

将根据模板文件提取财务指标标题和数据位置的代码封装为函数 **get_title_data_pos()**，该函数的第一个参数是模板文件，第二个参数是财务指标的数量，返回值是一个列表，其两个元素分别是财务指标标题的位置和数据的位置。**get_title_data_pos ()**函数的实现代码如下。

```
let
    get_title_data_pos = (modelfilebinary as binary, posct as number)  => let
        modelfile = Excel.Workbook(modelfilebinary, null, true),
        model_Sheet1_Sheet = modelfile{[Item="Sheet1",Kind="Sheet"]}[Data],
        model_t1 = Table.TransformColumnTypes(model_Sheet1_Sheet,{{"Column1",
type text}, {"Column2", type text}, {"Column3", type text}, {"Column4", type text},
{"Column5", type text}, {"Column6", type text}, {"Column7", type text}, {"Column8",
type text}, {"Column9", type text}, {"Column10", type text}, {"Column11", type text},
{"Column12", type text}}),
        model_t2 = Table.ToColumns(model_t1),
        model_t3 = List.Combine(model_t2),
        titletext = List.Transform({1..posct},each "标题"&Number.ToText(_)),
        title_pos = List.Combine(List.Transform(titletext,each List.PositionOf
(model_t3,_,List.Count(model_t3)))),
        datatext = List.Transform({1..posct},each "数据"&Number.ToText(_)),
        data_pos = List.Combine(List.Transform(datatext,each List.PositionOf
(model_t3,_,List.Count(model_t3)))),
        // 将得到的财务指标标题和数据位置存为一个列表，作为返回值
        res = {title_pos,data_pos}
    in
        res
```

将提取企业财务指标数据的代码封装为函数 **get_data()**，该函数的第一个参数是要读取的 Excel 数据文件，第二个参数是数据的位置列表，返回值是一个列表，表示每个 Excel 文件提取到的一行数据。**get_data()**函数实现代码如下。

```
get_data = (datafilebinary as binary, data_pos as list) => let
    datafile = Excel.Workbook(datafilebinary, null, true),
    data_Sheet1_Sheet = datafile{[Item="Sheet1",Kind="Sheet"]}[Data],
    data_t1 = Table.TransformColumnTypes(data_Sheet1_Sheet,{{"Column1", type
text}, {"Column2", type text}, {"Column3", type text}, {"Column4", type text},
{"Column5", type text}, {"Column6", type text}, {"Column7", type text}, {"Column8",
type text}, {"Column9", type text}, {"Column10", type text}, {"Column11", type text},
{"Column12", type text}}),
    data_t2 = Table.ToColumns(data_t1),
    data_l3 = List.Combine(data_t2),
    data = List.Transform(data_pos, each data_l3{_})
```

```
   in
      data,
```

将提取企业财务指标标题信息的代码封装为函数 get_title()，该函数的第一个参数是要读取的包含标题信息的 Excel 数据文件，第二个参数是标题的位置列表，返回值是一个列表，表示提取到的标题信息。get_title()函数的原理和 get_data()本质上相同，只不过 get_title()只需要调用一次，而 get_data()函数对每个数据文件都需要调用一次。get_title()函数的实现代码如下。

```
get_title = (datafilebinary as binary, title_pos as list) => let
   datafile = Excel.Workbook(datafilebinary, null, true),
   data_Sheet1_Sheet = datafile{[Item="Sheet1",Kind="Sheet"]}[Data],
   data_t1 = Table.TransformColumnTypes(data_Sheet1_Sheet,{{"Column1", type
text}, {"Column2", type text}, {"Column3", type text}, {"Column4", type text},
{"Column5", type text}, {"Column6", type text}, {"Column7", type text}, {"Column8",
type text}, {"Column9", type text}, {"Column10", type text}, {"Column11", type text},
{"Column12", type text}}),
   data_t2 = Table.ToColumns(data_t1),
   data_l3 = List.Combine(data_t2),
   title = List.Transform(title_pos, each data_l3{_})
   in
      title,
```

所有上市公司的财务指标数据都保存在一个文件夹中，每个 Excel 文件保存一个上市企业的数据，如图 5-29 所示。get_data()函数需要将整个文件夹中的每个文件都调用一次，将每次调用得到的结果使用列表合并函数合并起来，最终处理完毕得到的结果是一个包含所有企业财务指标数据的列表的子列表，其包含的每个元素对应从一个 Excel 文件中提取到的一个企业的数据，也就是一行，最终包含的列表元素个数和 Excel 文件的个数一致。然后将处理 Excel 文件后得到的标题列表和企业财务数据值列表的子列表作为输入数据，按照行方向构造 Power BI 表格对象。相关的处理代码如下。

```
// 通过模板文件得到标题和数据位置的列表
poslist = get_title_data_pos(File.Contents("D:\RESOURCES\模板.xlsx"),13),
title_pos = poslist{0},
data_pos = poslist{1},

files = Folder.Files("D:\RESOURCES\COMPANYDATA\"),
// 使用第一个文件的二进制内容作为参数传给 get_title()函数获取标题信息
title = get_title(files{0}[Content],title_pos),

//  将从文件夹中获取的文件信息表格拆分为由每一行构成的列表，方便后续处理
filelist = Table.ToRows(files),
//  对每一行，即每个文件，提取其 Content 并作为参数传给 get_data()函数，以获取财务指标数
据，最终将从每个文件获得的数据合并为一个列表的子列表
data = List.Transform(filelist,each get_data(_{0})),

// 指定列标题和行数据，使用 Table.FromRows()函数将其转换为 Power BI 表格对象
t3 = Table.FromRows(data,title),
```

最终获得的数据效果如图 5-30 所示。

图 5-29　上市企业数据文件夹

图 5-30　读取文件夹中的所有文件得到的上市企业财务数据 Power BI 表格

这里需要注意，净利润数据的值包含中文的数量单位"亿"，因此它并不是数值数据，而是文本数据。这类数据无法应用到后续的数据分析中，需要按照业务逻辑的含义对得到的表格对象的每一列数据进行适当处理，再为其设置最终的数据类型，得到转换成功的数据表。

为可能包含中文数量单位的数据设计函数 process_numdata()，实现从文本表示形式到准确数值数据的转换，其实现代码及对应注释如下。

```
// 为包含中文数量单位的数据去掉中文单位，将其转换为相应的数值数据
process_numdata = (numtext as text) => let
    // 识别中文单位，如果没有单位则用空字符串表示，代表只有值没有单位的情况
    flag = if Text.Contains(numtext,"亿") then "亿"
            else if Text.Contains(numtext,"百万") then "百万"
            else if Text.Contains(numtext,"万") then "万"
            else if Text.Contains(numtext,"次") then "次"
            else "",

    // 计算中文单位代表的单位数值
    ratio = if flag="亿" then Number.Power(10,8)
            else if flag="百万" then Number.Power(10,6)
            else if flag="万" then Number.Power(10,4)
            else 1,

    // 仅提取数字部分
    purenumtext = if flag="" then numtext
                else Text.BeforeDelimiter(numtext,flag),

    // 将数字部分乘以单位数值，得到准确的数值表示
    realnum = Number.FromText(purenumtext)*ratio
in
    realnum,
```

　　将 process_numdata()函数逐次应用到表格中需要转换的列上，得到处理完所有包含中文数量单位数据的表格，接着将各列设置为正确的数据类型，完成最终的处理。这部分代码如下。

```
// 为包含中文单位的数值数据去掉中文单位，转换成纯数值形式，再转换成数值数据
t4 = Table.TransformColumns(t3,{"总资产周转率",process_numdata}),
t5 = Table.TransformColumns(t4,{"净利润",process_numdata}),
t6 = Table.TransformColumns(t5,{"营业总收入",process_numdata}),
t7 = Table.TransformColumns(t6,{"资产总额",process_numdata}),
t8 = Table.TransformColumns(t7,{"负债总额",process_numdata}),
//也可以一条语句完成所有列的处理, t4 = Table.TransformColumns(t3,{{"总资产周转率",
process_numdata},{"净利润", process_ numdata},{"营业总收入",process_numdata},{"资产总
额",process_numdata},{"负债总额",process_numdata}}),

texttitle = {"股票代码","公司名称"},
numtitle = List.Difference(title,texttitle),
numtype = List.Repeat({type number},List.Count(numtitle)),
numtypelist = List.Zip({numtitle,numtype}),
v2typelist = {{"股票代码",type text},{"公司名称",type text}} & numtypelist,
t9 = Table.TransformColumnTypes(t8,v2typelist),
```

最终处理完成的数据效果如图 5-31 所示。

ABC 股票代码	ABC 公司名称	1.2 净资产收益率	1.2 总资产净利率	1.2 归属母公司股东的…
1	600115	东方航空	0.0748	0.0185	0.9134
2	600887	伊利股份	0.2068	0.1121	0.9969
3	600406	国电南瑞	0.0763	0.043	0.9397

L.2 资产负债率	1.2 净利润	1.2 营业总收入	1.2 资产总额	1.2 负债总额
1	0.7451	4780000000	93400000000	2.813E+11	2.096E+11
2	0.5389	5650000000	68700000000	53100000000	28600000000
3	0.4421	2280000000	17200000000	53800000000	23800000000

图 5-31　整理干净以后的所有上市企业财务指标数据

整个数据文件的获取和处理的完整实现代码如下。

```
let
    get_title_data_pos = (modelfilebinary as binary, posct as number)  => let
        modelfile = Excel.Workbook(modelfilebinary, null, true),
        model_Sheet1_Sheet = modelfile{[Item="Sheet1",Kind="Sheet"]}[Data],
        model_t1 = Table.TransformColumnTypes(model_Sheet1_Sheet,{{"Column1",
type text}, {"Column2", type text}, {"Column3", type text}, {"Column4", type text},
{"Column5", type text}, {"Column6", type text}, {"Column7", type text}, {"Column8",
type text}, {"Column9", type text}, {"Column10", type text}, {"Column11", type text},
{"Column12", type text}}),
        model_t2 = Table.ToColumns(model_t1),
        model_t3 = List.Combine(model_t2),
        titletext = List.Transform({1..posct},each "标题"&Number.ToText(_)),
        title_pos = List.Combine(List.Transform(titletext,each List.PositionOf
(model_t3,_,List.Count(model_t3)))),
        datatext = List.Transform({1..posct},each "数据"&Number.ToText(_)),
        data_pos = List.Combine(List.Transform(datatext,each List.PositionOf
(model_t3,_,List.Count(model_t3)))),
        res = {title_pos,data_pos}
```

```
    in
        res,


    get_data = (datafilebinary as binary, data_pos as list) => let
        datafile = Excel.Workbook(datafilebinary, null, true),
        data_Sheet1_Sheet = datafile{[Item="Sheet1",Kind="Sheet"]}[Data],
        data_t1 = Table.TransformColumnTypes(data_Sheet1_Sheet,{{"Column1", type
text}, {"Column2", type text}, {"Column3", type text}, {"Column4", type text},
{"Column5", type text}, {"Column6", type text}, {"Column7", type text}, {"Column8",
type text}, {"Column9", type text}, {"Column10", type text}, {"Column11", type text},
{"Column12", type text}}),
        data_t2 = Table.ToColumns(data_t1),
        data_l3 = List.Combine(data_t2),
        data = List.Transform(data_pos, each data_l3{_})
    in
        data,


    get_title = (datafilebinary as binary, title_pos as list) => let
        datafile = Excel.Workbook(datafilebinary, null, true),
        data_Sheet1_Sheet = datafile{[Item="Sheet1",Kind="Sheet"]}[Data],
        data_t1 = Table.TransformColumnTypes(data_Sheet1_Sheet,{{"Column1", type
text}, {"Column2", type text}, {"Column3", type text}, {"Column4", type text},
{"Column5", type text}, {"Column6", type text}, {"Column7", type text}, {"Column8",
type text}, {"Column9", type text}, {"Column10", type text}, {"Column11", type text},
{"Column12", type text}}),
        data_t2 = Table.ToColumns(data_t1),
        data_l3 = List.Combine(data_t2),
        title = List.Transform(title_pos, each data_l3{_})
    in
        title,

    process_numdata = (numtext as text) => let
        flag = if Text.Contains(numtext,"亿") then "亿"
               else if Text.Contains(numtext,"百万") then "百万"
               else if Text.Contains(numtext,"万") then "万"
               else if Text.Contains(numtext,"次") then "次"
               else "",

        ratio = if flag="亿" then Number.Power(10,8)
               else if flag="百万" then Number.Power(10,6)
               else if flag="万" then Number.Power(10,4)
               else 1,

        purenumtext = if flag="" then numtext
                     else Text.BeforeDelimiter(numtext,flag),

        realnum = Number.FromText(purenumtext)*ratio
    in
        realnum,
```

```
        // 通过模板文件得到标题和数据位置的列表
        poslist = get_title_data_pos(File.Contents("D:\RESOURCES\模板.xlsx"),13),
        title_pos = poslist{0},
        data_pos = poslist{1},

        files = Folder.Files("D:\RESOURCES\COMPANYDATA\"),
        // 将第一个文件的二进制内容作为参数传给 get_title() 函数，以获取标题信息
        title = get_title(files{0}[Content],title_pos),

        //  将从文件夹中获取的文件信息表格拆分为由每一行构成的列表，方便后续的处理
        filelist = Table.ToRows(files),
        //  对每一行，即每个文件，提取其 Content，作为参数传给 get_data() 函数以获取财务指标数据，
最终将每个文件获得的数据合并为一个列表的子列表
        data = List.Transform(filelist,each get_data(_{0},data_pos)),

        // 指定列标题和行数据，使用 Table.FromRows() 函数将其转换为 Power BI 表格对象
        t3 = Table.FromRows(data,title),

        // 为包含中文单位的数值数据去掉中文单位，转换成纯数值形式，再转换成数值数据
        t4 = Table.TransformColumns(t3,{"总资产周转率",process_numdata}),
        t5 = Table.TransformColumns(t4,{"净利润",process_numdata}),
        t6 = Table.TransformColumns(t5,{"营业总收入",process_numdata}),
        t7 = Table.TransformColumns(t6,{"资产总额",process_numdata}),
        t8 = Table.TransformColumns(t7,{"负债总额",process_numdata}),
        //也可以一条语句完成所有列的处理，t4 = Table.TransformColumns(t3,{{"总资产周转率",
process_numdata},{"净利润", process_numdata},{"营业总收入",process_numdata},{"资产总额
",process_numdata},{"负债总额",process_numdata}}),

        texttitle = {"股票代码","公司名称"},
        numtitle = List.Difference(title,texttitle),
        numtype = List.Repeat({type number},List.Count(numtitle)),
        numtypelist = List.Zip({numtitle,numtype}),
        v2typelist = {{"股票代码",type text},{"公司名称",type text}} & numtypelist,
        t9 = Table.TransformColumnTypes(t8,v2typelist),
        res = t9
    in
        res
```

5.9 数据处理过程中 M 语言的灵活应用

很多数据处理人员可能总体上还是比较害怕编程的，更倾向于使用手动操作的方式来完成数据处理任务，因为将数据处理任务完全使用 M 语言编程来实现是比较困难的。但是有很多任务还是没有办法仅用手动操作完成，此时，对于非专业的数据处理人员来说，大部分工作可以手动完成，在不知道如何手动操作时，可以灵活应用 M 语言编写程序来解决问题。

在使用 M 语言编写程序解决问题的过程中，正确理解 M 语言程序的求解过程可以帮助调试程序。一个 M 语言程序由一个 let...in...结构的用逗号分隔的若干个表达式构成，每个表达式要么表示一个子函数的定义，要么表示一个求值过程的赋值表达式。每个表示求值过

程的赋值表达式，其值都会使用一个标识符来表示，这个求值过程在 Power BI 的"查询设置"窗格中可以看见，单击每个步骤标识符可查看该步骤生成的值。

以 5.6 节中日期表的生成为例，可以看到在 Power BI 的 P ower Query 编辑器窗口中，"查询设置"窗格和数据显示窗格的对应关系。

例如，选择"应用的步骤"中的 start 时，将展示最初的 start 值，如图 5-32 所示。

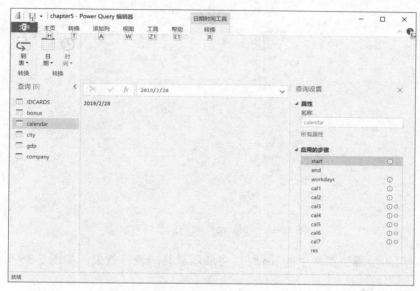

图 5-32　处理过程的最初步骤

选择"应用的步骤"窗格中的 cal1 时，将展示最初生成的表格，如图 5-33 所示。

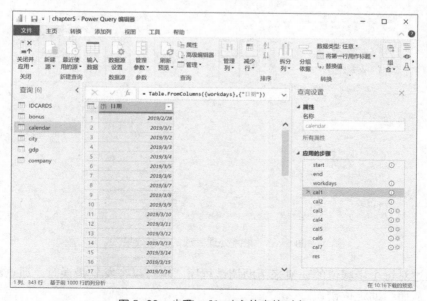

图 5-33　步骤 cal1 对应的表格对象

选择"应用的步骤"窗格中的 cal3 时，将展示添加了年份列的表格，如图 5-34 所示。

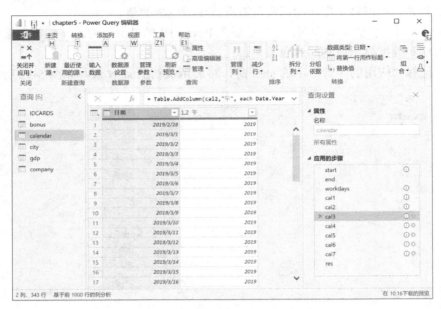

图 5-34　步骤 cal3 对应的表格对象

选择"应用的步骤"窗格中的 res 时，将展示最终的表格效果，如图 5-35 所示。

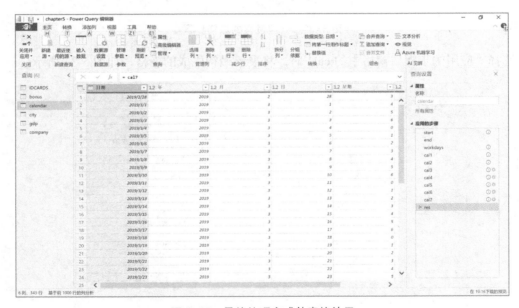

图 5-35　最终处理完成的表格效果

可以通过对每个步骤值的观察来帮助调试程序。也可以在发生错误时，通过注释封闭一部分代码，从而帮助定位错误。

练习

1．将下面列表中列表类型的数据转换为 Power BI 表格。

{{2019 年 7 月,74.8,82.8},{2019 年 6 月,73.1,82.9},{2019 年 5 月,81.8,81.2}}，标题为{"时间","能源价格指数","非能源价格指数"}。

2．将下面记录中列表类型的数据转换为 Power BI 表格。

{[时间=" 2019 年 7 月",能源价格指数=74.8,非能源价格指数=82.8], [时间=" 2019 年 6 月",能源价格指数=73.1,非能源价格指数=82.9], [时间=" 2019 年 5 月",能源价格指数=81.8,非能源价格指数=81.2]}

3．5.8 节中提取 Excel 文件中半结构化公司财务指标数据时，书中给出的方法是将读取的 Excel 数据表格拆成单列来处理，请尝试将 Excel 数据表格拆成单行来确定标题和数据的位置，进而实现数据的提取和处理。

4．将“第 5 章习题.pbix”中的 economy 表格（见图 5-36）按列方向转换为列表数据。

年份	通货膨胀率	失业率
1998	-0.84	3.1
1999	-1.41	3.1
2000	0.26	3.1
2001	0.46	3.6
2002	-0.77	4
2003	1.16	4.3
2004	3.89	4.2
2005	1.82	4.2
2006	1.46	4.1
2007	4.75	4

图 5-36　“第 5 章习题.pbix”中的 economy 表格

5．生成一个 2018 年 3 月 1 日至 2019 年 2 月 1 日的日期表，要求包含具体的日期、年份、月份、季度、星期等列；并且要求季度值是一个长度为 6 的文本，格式为季度号+季度标记 Q+4 位数年份，例如，2018 年第 3 季度对应的季度文本是 3Q2018，实现效果如图 5-37 所示。

	日期	1.2 年	1.2 月	ABC 季度	1.2 星期
1	2019/2/28	2019	2	1Q2019	9
2	2019/3/1	2019	3	1Q2019	9
3	2019/3/2	2019	3	1Q2019	9
4	2019/3/3	2019	3	1Q2019	9
5	2019/3/4	2019	3	1Q2019	10
6	2019/3/5	2019	3	1Q2019	10
7	2019/3/6	2019	3	1Q2019	10
8	2019/3/7	2019	3	1Q2019	10
9	2019/3/8	2019	3	1Q2019	10
10	2019/3/9	2019	3	1Q2019	10
11	2019/3/10	2019	3	1Q2019	10
12	2019/3/11	2019	3	1Q2019	11
13	2019/3/12	2019	3	1Q2019	11
14	2019/3/13	2019	3	1Q2019	11
15	2019/3/14	2019	3	1Q2019	11

图 5-37　简易时间表

第 6 章 数据可视化

6.1 数据可视化技术概述

数据可视化（Data Visualization）的含义是用图形表示数据。"字不如表，表不如图"是数据分析界的一句名言。对于人类而言，从图形中接收和理解信息比从枯燥乏味的数字和文字中接收和理解信息要容易得多，人类所能感知的信息中 80% 以上来自视觉。

苏格兰经济学家威廉·普莱费尔（William Playfair）在 1786 年出版的著作《商业与政治图解集》（*The Commercial and Political Atlas*）中首次用统计图表（折线图和柱形图）展示了 18 世纪英国的进出口贸易情况。19 世纪中叶，数据可视化主要用于军事领域。到了 20 世纪，数据可视化技术有了很大的发展。1995 年 IEEE 正式创立 *Information Visualization* 期刊，将数据可视化确立为一门独立的学科。进入大数据时代后，数据可视化已成为表现数据的主要方式。

数据可视化包括科学可视化、信息可视化、知识可视化等领域。科学可视化是指用图形呈现自然科学和工程领域里的大量数值型数据。例如，在医学、建筑学、气象学、生物学等领域，常常需要用图形表示大量二维或三维空间的测量数据。美国计算机科学家 Bruce H. McCormick 曾对科学可视化做过如下定义：利用计算机图形学来创建视觉对象，帮助人们理解科学技术概念或结果的那些错综复杂而又往往规模庞大的数字表现形式。信息可视化是指用图形呈现大量的非数值型信息。例如，用图像和视频表现互联网中各网页包含的非结构化文本信息。知识可视化是指用图形、图像构建和表达知识，帮助学习者建立正确的知识结构并记忆和应用知识。例如，用概念图描述某门学科的知识体系结构，其中的节点代表概念，节点之间的连线代表概念之间的关系。荷兰计算机科学家弗利茨·波斯特（Frits H. Post）在 *Data Visualization:The State of the Art*（《数据可视化：尖端技术水平》）一书中将数据可视化技术划分为：可视化算法和技术、体积可视化、信息可视化、多分辨率技术和交互式数据探索等领域。

数据可视化的作用主要归结为以下两点。

（1）将一些复杂的、抽象的、不易理解的数据转换为图形、图像、符号等简单直观的视觉对象后呈现给用户。这些视觉对象可以更有效地表现出数据中包含的模式、特点、关系和异常情况，使用户能够洞察蕴含在数据中的现象和规律。

（2）有助于数据分析师对数据做深入的分析和处理。

Power BI 是一个数据分析及数据可视化软件。用户用 Power BI 提供的各类视觉对象（可视化对象）可以做数据分析并呈现出经过整理、分析和处理的数据，以便阐述隐藏在数据中的信息、事实和规律，为管理者的决策提供依据。

在将数据转换为视觉对象的过程中，选择什么样的视觉对象取决于要表现的数据的模式、特点及数据之间的关系。一般来说，用视觉对象可以表现具有以下特征的数据及数据之间的关系：同一类别数据随时间变化的趋势，不同类别数据之间的差异性，不同类别数据与整体数据的关系，相互关联的两类数据的分布和聚合情况等。

Power BI Desktop 中用于实现数据可视化的视觉对象主要有以下几个来源：预安装的视觉对象、从应用商店导入的视觉对象、从文件导入的视觉对象。预安装的视觉对象包括：堆积条形图、簇状条形图、百分比堆积条形图、堆积柱形图、簇状柱形图、百分比堆积柱形图、折线图、分区图、折线和堆积柱形图、折线和簇状柱形图、漏斗图、散点图、饼图、环形图、瀑布图、树状图、地图、着色地图、仪表、卡片图、多行卡、KPI、切片器、表、矩阵、R 脚本 Visual、Python 视觉对象等。从应用商店（Microsoft AppSource）导入的视觉对象是指由微软公司和微软公司的合作伙伴创建、由 AppSource 验证团队测试和验证并已公开发布到应用商店的视觉对象。报表设计人员可以从应用商店下载这些自定义视觉对象到 Power BI Desktop，并用它们制作报表。例如，可以从应用商店下载相关图、聚类图、社交网络图、雷达图、子弹图等自定义视觉对象用于制作报表。从文件导入的视觉对象是指从扩展名为.pbiviz 的文件导入的自定义视觉对象。任何人都可以创建自定义视觉对象并将其代码打包存入扩展名为.pbiviz 的文件中。

在 Power BI Desktop 中，每个视觉对象都有各自的属性。当一个视觉对象被添加到报表中并被选中后，可分别单击"可视化"窗格下方的"字段""格式""分析"图标为其设定相关属性。例如，在报表中添加一个簇状柱形图并将其选中（见图 6-1），若单击"字段"图标，则在"可视化"窗格下方会出现"轴""图例""值"等内容属性（"轴"代表 x 轴，"值"代表 y 轴，"图例"代表类别）。此时可将数据表中的相关字段分别拖放到"轴""图例""值"中（也可在数据表中勾选 2~3 个字段后由 Power BI Desktop 自动设定）。若单击"格式"图标，则在"可视化"窗格下方会出现"常规""图例""X 轴""Y 轴""数据颜色""数据标签""绘图区""标题""背景""锁定纵横比""边框"等格式属性，这时可为该视觉对象设置位置和大小、图例的显示位置、标题文本的内容及格式、数据标签的颜色、背景色等格式。若单击"分析"图标，则在"可视化"窗格下方会出现"恒定线""最小值线""最大值线""平均值线""中值线"等分析属性，这时可为该视觉对象添加最小值线、最大值线、平均值线、中值线等动态参考行。

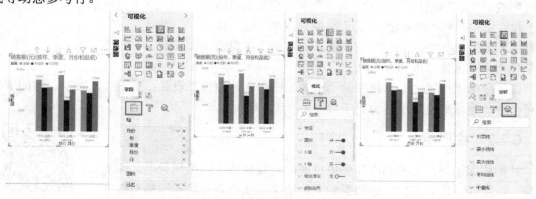

图 6-1 设置视觉对象的属性

6.2　基础可视化对象

条形图

6.2.1　条形图

条形图用不同横条的长度和颜色表现同一类别或不同类别数据之间的差异，适用于需要比较一个维度数据的二维数据集。在条形图中，y 轴用于对数据进行分类，x 轴用于表示数据值的大小。

Power BI Desktop 预安装的条形图有 3 类：堆积条形图、簇状条形图和百分比堆积条形图。堆积条形图适用于表现单个类别的数据与整体数据之间的关系。簇状条形图适用于比较各个类别数据值的差异。百分比堆积条形图适用于比较各类别的每个数值占总数值的百分比。

图 6-2 所示为用 Power BI Desktop 制作的 3 种条形图，表示某公司销售员的销售额。

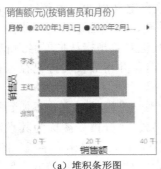
（a）堆积条形图

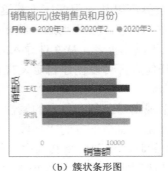
（b）簇状条形图

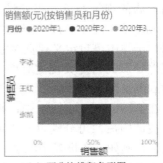
（c）百分比堆积条形图

图 6-2　用条形图表示销售额

【例 6-1】在 Power BI Desktop 中制作图 6-2（a）所示的堆积条形图。

（1）将表 6-1 所示的数据表导入 Power BI Desktop。在"报表"视图中单击"可视化"窗格中的"堆积条形图"图标，"可视化"窗格的下半部分将出现"轴""图例""值"等属性框。将"字段"窗格中的"销售员"字段拖放到"轴"属性框中，将"月份"字段拖放到"图例"属性框中，将"销售额（元）"字段拖放到"值"属性框中。单击"销售额（元）"右侧的下拉按钮，在弹出的下拉列表中选择"求和"选项。

表 6-1　用于制作堆积条形图的数据表

销售员	月份	销售额(元)
张凯	2020年1月1日	13667
王红	2020年1月1日	10205
李冰	2020年1月1日	9920
张凯	2020年2月1日	9507
王红	2020年2月1日	12000
李冰	2020年2月1日	9897
张凯	2020年3月1日	12060
王红	2020年3月1日	10205
李冰	2020年3月1日	9340

（2）单击"可视化"窗格中的"格式"图标，并做以下设置：单击"X 轴"左侧的下拉按钮，将"显示单位"设置为"千"。

6.2.2　柱形图

柱形图用不同柱形的高度和颜色反映同一类别或不同类别数据之间的差异，或反映一段时间内一组数据的变化情况，或反映几组不同类型数据之间的差异和变化情况。柱形图与条形图有很多相似的特点。在柱形图中，

x 轴用于对数据进行分类，y 轴用于表示数据值的大小。

Power BI Desktop 预安装的柱形图包括：堆积柱形图、簇状柱形图和百分比堆积柱形图。图 6-3 所示为用 Power BI Desktop 制作的 3 种柱形图，表示某公司销售员的销售额。

表 6-2　用于制作簇状柱形图的数据表

销售员	月份	销售额(元)
张凯	2020年1月1日	13667
王红	2020年1月1日	10205
李冰	2020年1月1日	9920
张凯	2020年2月1日	9507
王红	2020年2月1日	12000
李冰	2020年2月1日	9897
张凯	2020年3月1日	12060
王红	2020年3月1日	10205
李冰	2020年3月1日	9340

【例 6-2】在 Power BI Desktop 中制作图 6-3（b）所示的簇状柱形图。

（1）将表 6-2 所示的数据表导入 Power BI Desktop。在"报表"视图中单击"可视化"窗格中的"簇状柱形图"图标，"可视化"窗格的下半部分将出现"轴""图例""值"等属性框。将"字段"窗格中的"销售员"字段拖放到"轴"属性框中，将"月份"字段拖放到"图例"属性框中并去掉"年""季度""日"，将"销售额（元）"字段拖放到"值"属性框中。

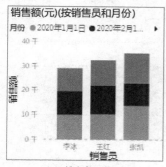

（a）堆积柱形图

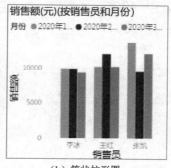

（b）簇状柱形图

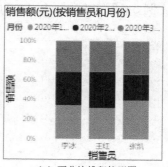

（c）百分比堆积柱形图

图 6-3　用柱形图表示销售额

（2）单击"可视化"窗格中的"格式"图标，并做以下设置：单击"Y轴"左侧的下拉按钮，将"显示单位"设置为"无"。

6.2.3　饼图

饼图用组成一个圆的具有一组不同角度的多个扇面表现部分数据与整体数据的比例关系。

图 6-4 所示为用 Power BI Desktop 制作的饼图，表示各销售员销售额占总销售额的比例情况。

饼图

【例 6-3】在 Power BI Desktop 中制作图 6-4 所示的饼图。

（1）将表 6-3 所示的数据表导入 Power BI Desktop。在"报表"视图中单击"可视化"窗格中的"饼图"图标，"可视化"窗格的下半部分将出现"图例""值"等属性框。将"字段"窗格中的"销售员"字段拖放到"图例"属性框中，将"销售额（元）"字段拖放到"值"属性框中并将其设置为"销售额的总和"。

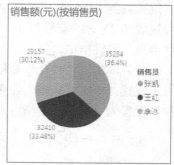

图 6-4　饼图

111

（2）单击"可视化"窗格中的"格式"图标，并做以下设置：单击"详细信息"左侧的下拉按钮，将"显示单位"设置为"无"。

表6-3　用于制作饼图的数据表

销售员	销售额（元）
张凯	35234
王红	32410
李冰	29157

6.2.4　散点图

散点图可用于表示二维数据集中两组数值型数据之间的分布和聚合情况。在一个散点图中，用 x 轴表示一组数值型数据（自变量），用 y 轴表示另一组数值型数据（因变量），用这两组数据在笛卡儿直角坐标系中生成多个点（在 x 轴某一数据值和 y 轴某一数据值的交叉处显示一个点），以表现因变量数据随自变量数据变化的趋势。数据集中其他的非数值型数据可以用点的颜色或文字标识进行区分。

散点图

图6-5所示为用 Power BI Desktop 制作的散点图，表示每个销售员的销售额与提成工资的关系。

【例6-4】在 Power BI Desktop 中制作图6-5所示的散点图。

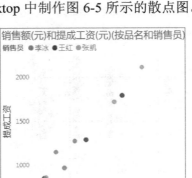

图6-5　散点图

（1）将表6-4所示的数据表导入 Power BI Desktop。在"报表"视图中单击"可视化"窗格中的"散点图"图标，"可视化"窗格的下半部分将出现"详细信息""图例""X轴""Y轴"等属性框。将"字段"窗格中的"销售员"字段拖放到"图例"属性框中，将"销售额（元）"字段拖放到"X轴"属性框中，将"提成工资（元）"字段拖放到"Y轴"属性框中，将"品名"字段拖放到"详细信息"属性框中。

（2）单击"可视化"窗格中的"格式"图标，并做以下设置：单击"Y轴"左侧的下拉按钮，将"显示单位"设置为"无"。

6.2.5　折线图

折线图是在散点图的基础上将所有相邻点用直线连接起来得到的图形。与散点图不同的是，折线图的 x 轴

表6-4　用于制作散点图的数据表

销售员	品名	月份	销售额(元)	提成工资(元)
李冰	电视机	2020年1月1日	4970	745.5
李冰	洗衣机	2020年1月1日	2850	285
李冰	冰箱	2020年1月1日	2100	210
李冰	电视机	2020年2月1日	2330	233
李冰	洗衣机	2020年2月1日	3022	302.2
李冰	冰箱	2020年3月1日	4545	681.75
李冰	电视机	2020年3月1日	2970	297
李冰	洗衣机	2020年3月1日	3810	381
李冰	冰箱	2020年3月1日	2560	256
王红	电视机	2020年1月1日	2276	227.6
王红	洗衣机	2020年1月1日	2952	295.2
王红	冰箱	2020年1月1日	4977	746.55
王红	电视机	2020年2月1日	3000	300
王红	洗衣机	2020年2月1日	4000	600
王红	冰箱	2020年2月1日	5000	750
王红	电视机	2020年2月1日	3276	327.6
王红	电视机	2020年3月1日	3952	395.2
王红	冰箱	2020年3月1日	2977	297.7
张凯	电视机	2020年1月1日	3308	330.8
张凯	洗衣机	2020年1月1日	4887	733.05
张凯	冰箱	2020年1月1日	5472	820.8
张凯	电视机	2020年2月1日	2233	223.3

常常是具有相等时间间隔的时间序列。折线图适合表现一组数据以相等的时间间隔随时间变化的趋势（如一个上市公司的股票价格走势），还可以表现多组数据以相等的时间间隔随时间变化的趋势（如若干个上市公司的股票价格走势）。

折线图

图 6-6 所示为用 Power BI Desktop 制作的折线图，表示某上市公司股票价格在 3 月份的走势。

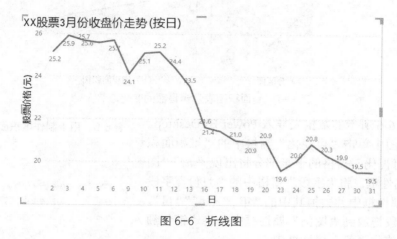

图 6-6　折线图

【例 6-5】在 Power BI Desktop 中制作图 6-6 所示的折线图。

（1）将表 6-5 所示的数据表导入 Power BI Desktop。在"报表"视图中单击"可视化"窗格中的"折线图"图标，"可视化"窗格的下半部分将出现"轴""图例""值"等属性框。将"字段"窗格中的"日期"字段拖放到"轴"属性框中并去掉其中的"年""季度""月份"，将"股票价格（元）"字段拖放到"值"属性框中。

（2）单击"可视化"窗格中的"格式"图标，并做以下设置：将"数据标签"设置为"开"；单击"X 轴"左侧的下拉按钮，将"类型"设置为"类别"；单击"标题"左侧的下拉按钮，将"标题文本"设置为"XX 股票 3 月份收盘价走势"。

表 6-5　用于制作折线图的数据表

日期	股票价格(元)
2020年3月2日	25.16
2020年3月3日	25.91
2020年3月4日	25.69
2020年3月5日	25.59
2020年3月6日	25.7
2020年3月9日	24.12
2020年3月10日	25.1
2020年3月11日	25.15
2020年3月12日	24.41
2020年3月13日	23.53
2020年3月16日	21.61
2020年3月17日	21.42
2020年3月18日	20.98
2020年3月19日	20.9
2020年3月20日	20.94
2020年3月23日	19.58
2020年3月24日	20.03
2020年3月25日	20.82
2020年3月26日	20.3
2020年3月27日	19.94
2020年3月30日	19.53
2020年3月31日	19.52

6.2.6　面积图

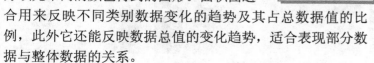
面积图

面积图是在折线图的基础上在折线下方填充不同的颜色得到的图形。面积图适合用来反映不同类别数据变化的趋势及其占总数据值的比例，此外它还能反映数据总值的变化趋势，适合表现部分数据与整体数据的关系。

Power BI Desktop 预安装的柱形图包括分区图和堆积面积图。图 6-7 所示为用 Power BI Desktop 制作的分区图和堆积面积图，表示 3 类电器产品的销售额随时间变化的情况，并反映了总销售额的变化趋势。

【**例6-6**】在 Power BI Desktop 中制作图 6-7（b）所示的堆积面积图。

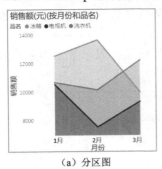 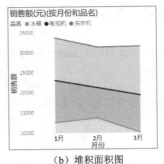

（a）分区图　　　　　　　　（b）堆积面积图

图 6-7　用面积图表示销售额的变化趋势

（1）将表 6-6 所示的数据表导入 Power BI Desktop。在"报表"视图中单击"可视化"窗格中的"堆积面积图"图标，"可视化"窗格的下半部分将出现"轴""图例""值"等属性框。将"字段"窗格中的"月份"字段拖放到"轴"属性框中并去掉其中的"年""季度""日"，将"品名"字段拖放到"图例"属性框中，将"销售额（元）"字段拖放到"值"属性框中。

（2）单击"可视化"窗格中的"格式"图标，并做以下设置：单击"Y 轴"左侧的下拉按钮，将"显示单位"设置为"无"。

表 6-6　用于制作堆积面积图的数据表

品名	月份	销售额(元)
冰箱	2020年1月1日	12549
洗衣机	2020年1月1日	10689
电视机	2020年1月1日	10554
冰箱	2020年2月1日	13677
洗衣机	2020年2月1日	10164
电视机	2020年2月1日	7563
冰箱	2020年3月1日	10009
洗衣机	2020年3月1日	12249
电视机	2020年3月1日	9347

6.2.7　组合图

组合图的"组合"意为在一个视觉对象中同时使用了两类统计图表，适用于表示不同类别数据的差异及每类数据随时间变化的趋势。

Power BI Desktop 预安装的组合图包括折线和堆积柱形图、折线和簇状柱形图。图 6-8 所示为用 Power BI Desktop 制作的两类组合图，表示销售员的销售额与提成工资随时间变化的情况。

组合图

【**例6-7**】在 Power BI Desktop 中制作图 6-8（a）所示的折线和堆积柱形图。

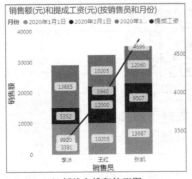 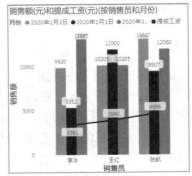

（a）折线和堆积柱形图　　　　　　（b）折线和簇状柱形图

图 6-8　用组合图表示销售额与提成工资的变化情况

（1）将表 6-7 所示的数据表导入 Power BI Desktop。在"报表"视图中单击"可视化"窗格中的"折线和堆积柱形图"图标，"可视化"窗格的下半部分将出现"共享轴""列序列""列值""行值"等属性框。将"字段"窗格中的"销售员"字段拖放到"共享轴"属性框中，将"月份"字段拖放到"列序列"属性框中，将"销售额（元）"字段拖放到"列值"属性框中，将"提成工资"字段拖放到"行值"属性框中。

（2）单击"可视化"窗格中的"格式"图标，并做以下设置：将"数据标签"设置为"开"；单击"Y 轴"左侧的下拉按钮，将"显示单位"设置为"无"。

表 6-7　用于制作折线和堆积柱形图的数据表

销售员	品名	月份	销售额(元)	提成工资(元)
李冰	电视机	2020 年 1 月 1 日	4970	745.5
李冰	洗衣机	2020 年 1 月 1 日	2850	285
李冰	冰箱	2020 年 1 月 1 日	2100	210
李冰	电视机	2020 年 2 月 1 日	2330	233
李冰	洗衣机	2020 年 2 月 1 日	3022	302.2
李冰	冰箱	2020 年 2 月 1 日	4545	681.75
李冰	电视机	2020 年 3 月 1 日	2970	297
李冰	洗衣机	2020 年 3 月 1 日	3810	381
李冰	冰箱	2020 年 3 月 1 日	2560	256
王红	电视机	2020 年 1 月 1 日	2276	227.6
王红	洗衣机	2020 年 1 月 1 日	2952	295.2
王红	冰箱	2020 年 1 月 1 日	4977	746.55
王红	电视机	2020 年 2 月 1 日	3000	300
王红	洗衣机	2020 年 2 月 1 日	4000	600
王红	冰箱	2020 年 2 月 1 日	5000	750
王红	电视机	2020 年 3 月 1 日	3276	327.6
王红	洗衣机	2020 年 3 月 1 日	3952	395.2
王红	冰箱	2020 年 3 月 1 日	2977	297.7
张凯	电视机	2020 年 1 月 1 日	3308	330.8
张凯	洗衣机	2020 年 1 月 1 日	4887	733.05
张凯	冰箱	2020 年 1 月 1 日	5472	820.8
张凯	电视机	2020 年 2 月 1 日	2233	223.3

6.3　进阶可视化对象

6.3.1　仪表盘

仪表盘

仪表盘是用一个半圆弧表示某关键指标数据的当前值、目标值、最小值和最大值的对象。

图 6-9 所示为用 Power BI Desktop 制作的仪表盘，表示某公司 1～3 月实际销售总额（元）与目标销售总额（元）情况（96801 是实际销售总额，103000 是目标销售总额，最小值是 0，最大值是 130000）。

【例 6-8】在 Power BI Desktop 中制作图 6-9 所示的仪表盘。

1～3月实际销售总额(元)和目标销售总额(元)

103000

96801

0 千　　　　　　　　　　130 千

图 6-9　仪表盘

（1）将表 6-8 所示的数据表导入 Power BI Desktop。在"报表"视图中单击"可视化"窗格中的"仪表"图标，"可视化"窗格的下半部分将出现"值""最小值""最大值""目标值"等属性框。将"字段"窗格中的"销售额（元）"字段拖放到"值"属性框中，

表 6-8　用于制作仪表盘的数据表

月份	销售额 (元)	目标销售额 (元)
2020 年 1 月 1 日	33792	35000
2020 年 2 月 1 日	31404	36000
2020 年 3 月 1 日	31605	32000

将"目标销售额（元）"字段拖放到"目标值"属性框中。

（2）单击"可视化"窗格中的"格式"图标，并做以下设置：单击"标注值"左侧的下拉按钮，将"显示单位"设置为"无"；单击"目标"左侧的下拉按钮，将"显示单位"设置为"无"；单击"标题"左侧的下拉按钮，在"标题文本"文本框中输入"1～3 月实际销售总额（元）和目标销售总额（元）"；单击"测量轴"左侧的下拉按钮，在"最小"数值框中输入"0"，在"最大"数值框中输入"130000"。

6.3.2　KPI 图

KPI（Key Performance Indicator，关键绩效指标）是一种目标式量化管理指标。KPI 图是管理 KPI 的一个有效工具。

图 6-10 所示为用 Power BI Desktop 制作的 KPI 图，表示某公司 1～3 月销售额的变化趋势及与目标销售额的距离。该 KPI 图中大号数字"31605"是 3 月份的实际销售额，小号数字"32000"是 3 月份的目标销售额，括号里的小号数字"-1.23%"是 3 月份实际销售额与目标销售额之间差距的百分比（正数表示实际销售额超过目标销售额，负数表示实际销售额尚未达到目标销售额）。背景中的彩色阴影图表示 1～3 月实际销售额的变化趋势（2 月份的销售额与 1 月份相比减少很多，3 月份的销售额与 2 月份相比略有增加）。

图 6-10　KPI 图

【例 6-9】在 Power BI Desktop 中制作图 6-10 所示的 KPI 图。

（1）将表 6-9 所示的数据表导入 Power BI Desktop。在"报表"视图中单击"可视化"窗格中的"KPI"图标，"可视化"窗格的下半部分将出现"指标""走向轴""目标值"等属性框。将"字段"窗格中的"销售额（元）"字段拖放到"指标"属性框中，将"目标销售额（元）"字段拖放到"目标值"属性框中，将"月份"字段拖放到"走向轴"属性框中。

表 6-9　用于制作 KPI 图的数据表

月份	销售额(元)	目标销售额(元)
2020年1月1日	33792	35000
2020年2月1日	31404	36000
2020年3月1日	31605	32000

（2）单击"可视化"窗格中的"格式"图标，并设置以下格式：将"日期"开关设置为"开"；单击"标题"左侧的下拉按钮，在"标题文本"文本框中输入"1～3 月销售额（元）和目标销售额（元）（按月份）"。

6.3.3　卡片图

卡片图也称为大数字磁贴，它用大号数字显示重要的指标数据，把卡片图置于报表中可以十分突出地显示其中的重要数据。

图 6-11 所示为用 Power BI Desktop 制作的卡片图，表示某公司 1～3 月的总发货量。

图 6-11　卡片图

【例 6-10】在 Power BI Desktop 中制作图 6-11 所示的卡片图。

（1）将表 6-10 所示的数据表导入 Power BI Desktop。在"报表"视图中单击"可视化"窗格中的"卡片图"图标，"可视化"窗格的下半部分将出现"字段"属性框。将"字段"窗格中的"总发货量"字段拖放到"字段"属性框中。

表 6-10 用于制作卡片图的数据表

月份	总发货量
2020年1月1日	33792
2020年2月1日	31404
2020年3月1日	31605

（2）单击"可视化"窗格中的"格式"图标，并设置以下格式：单击"数据标签"左侧的下拉按钮，将"显示单位"设置为"无"；单击"标题"左侧的下拉按钮，在"标题文本"文本框中输入"1～3 月总发货量"；单击"背景"左侧的下拉按钮，设置背景颜色。

6.3.4 树状图

树状图用同处一个大矩形中从上到下、从左向右按面积降序排列的很多个小矩形的大小、位置和颜色表示不同数据之间的权重关系，以及单个数据占总体数据的比例。树状图不仅可以表示单层数据关系（单层树状图），还可以表示多层数据关系（多层树状图）。

图 6-12 所示为用 Power BI Desktop 制作的单层树状图，表示 2019 年中国 GDP 排名前 10 名的城市名称和 GDP 值（如表 6-11 所示）。图 6-13 所示为用 Power BI Desktop 制作的双层树状图，表示 3 类不同品牌电器产品的销售情况。

表 6-11 制作单层树状图的数据表

城市名	GDP(亿元)
上海	35155.32
北京	35371.3
深圳	26927.09
广州	23628.6
重庆	23605.77
苏州	19235.8
成都	17012.65
武汉	16223.21
杭州	15373.05
天津	14014.28

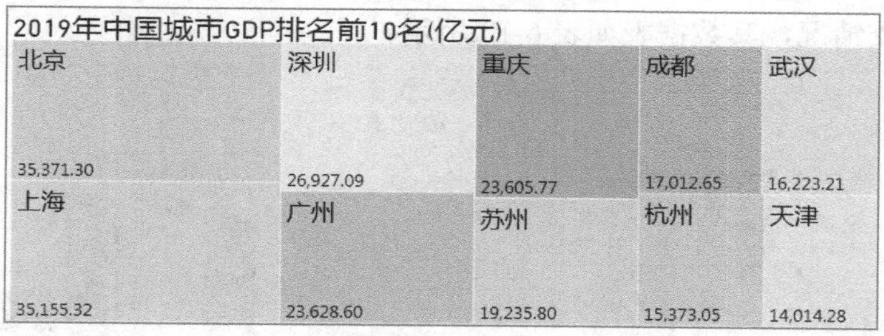

图 6-12 单层树状图

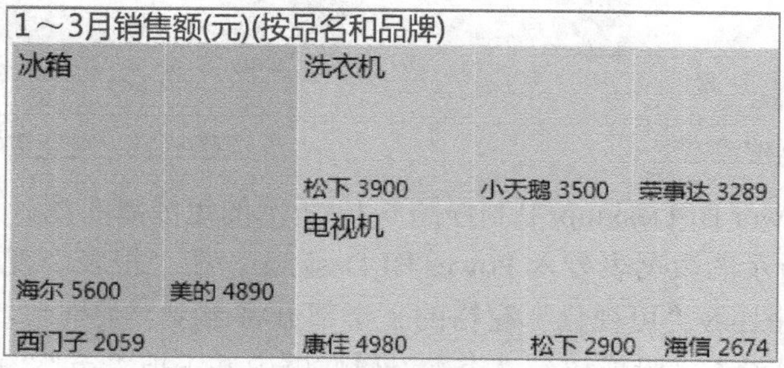

图 6-13 双层树状图

【例 6-11】在 Power BI Desktop 中制作图 6-13 所示的双层树状图。

（1）将表 6-12 所示的数据表导入 Power BI Desktop。在"报表"视图中单击"可视化"窗格中的"树状图"图标，"可视化"窗格的下半部分将出现"组""详细信息""值"等属性框。将"字段"窗格中的"品名"字段拖放到"组"属性框中，将"品牌"字段拖放到"详细信息"属性框中，将 "销售额"字段拖放到"值"属性框中。

（2）单击"可视化"窗格中的"格式"图标，并设置以下格式：将"数据标签"开关设置为"开"；单击"标题"左侧的下拉按钮，在"标题文本"文本框中输入"1～3 月销售额（按品名和品牌）"，将"文本大小"设置为"20"磅；单击"数据标签"左侧的下拉按钮，将"显示单位"设置为"无"，将"颜色"设置为"黑色"，将"文本大小"设置为"12 磅"；单击"类别标签"左侧的下拉按钮，将"颜色"设置为"黑色"，将"文本大小"设置为"16"磅。

表 6-12　用于制作双层树状图的数据表

品名	品牌	销售额(元)
冰箱	海尔	5600
冰箱	美的	4890
冰箱	西门子	2059
洗衣机	小天鹅	3500
洗衣机	松下	3900
洗衣机	荣事达	3289
电视机	松下	2900
电视机	康佳	4980
电视机	海信	2674

6.3.5　瀑布图

瀑布图

瀑布图也称为阶梯图，它用形似瀑布的柱状图表示某类数据的变化过程。瀑布图可以根据一组数据的正负值调整柱形的上升或下降程度，进而表示最终数据的来源和生成过程。常见的瀑布图有组成瀑布图和变化瀑布图。

图 6-14 所示为用 Power BI Desktop 制作的组成瀑布图，表示某公司 1～3 月中每个月的销售额与总销售额的关系。图 6-15 所示为用 Power BI Desktop 制作的变化瀑布图，表示某公司 3 月的财务收支情况，其数据表如表 6-13 所示。

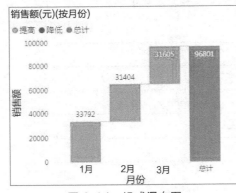

图 6-14　组成瀑布图

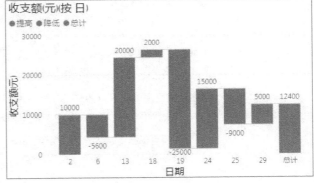

图 6-15　变化瀑布图

【例 6-12】在 Power BI Desktop 中制作图 6-14 所示的组成瀑布图。

（1）将表 6-14 所示的数据表导入 Power BI Desktop。在"报表"视图中单击"可视化"窗格中的"瀑布图"图标，"可视化"窗格的下半部分将出现"类别""Y 轴"等属性框。将"字段"窗格中的"月份"字段拖放到"类别"属性框中并去掉"年""季度""日"，将"销售额（元）"字段拖放到"Y 轴"属性框中，单击"Y 轴"右侧的下拉按钮，在弹出的下拉列表中选择"求和"选项。

（2）单击"可视化"窗格中的"格式"图标，并设置以下格式：将"数据标签"开关设置为"开"；单击"Y 轴"左侧的下拉按钮，将"数据单位"设置为"无"。

表 6-13　用于制作变化瀑布图的数据表

日期	收支额（元）
2020年3月2日	10000
2020年3月6日	-5600
2020年3月13日	20000
2020年3月18日	2000
2020年3月19日	-25000
2020年3月24日	15000
2020年3月25日	-9000
2020年3月29日	5000

表 6-14　用于制作组成瀑布图的数据表

品名	月份	销售额（元）
冰箱	2020年1月1日	12549
洗衣机	2020年1月1日	10689
电视机	2020年1月1日	10554
冰箱	2020年2月1日	13677
洗衣机	2020年2月1日	10164
电视机	2020年2月1日	7563
冰箱	2020年3月1日	10009
洗衣机	2020年3月1日	12249
电视机	2020年3月1日	9347

6.3.6　表

表以二维表格的形式显示原始数据并对数值型字段自动求和。

图 6-16 所示为用 Power BI Desktop 制作的表视觉对象，表示某公司 1～3 月的产品销售额情况。

表

【例 6-13】在 Power BI Desktop 中制作图 6-16 所示的表。

（1）将表 6-15 所示的数据表导入 Power BI Desktop。在"报表"视图中单击"可视化"窗格中的"表"图标，"可视化"窗格的下半部分将出现"值"属性框。将"字段"窗格中的"月份"字段拖放到"值"属性框中并去掉"日"，将"品名"字段拖放到"值"属性框中，将"销售额（元）"字段拖放到"值"属性框中。

年	季度	月份	品名	销售额（元）
2020	季度 1	1月	冰箱	12549
2020	季度 1	1月	电视机	10554
2020	季度 1	1月	洗衣机	10689
2020	季度 1	2月	冰箱	13677
2020	季度 1	2月	电视机	7563
2020	季度 1	2月	洗衣机	10164
2020	季度 1	3月	冰箱	10009
2020	季度 1	3月	电视机	9347
2020	季度 1	3月	洗衣机	12249
总计				96801

图 6-16　表

表 6-15　用于制作表的数据表

品名	月份	销售额（元）
冰箱	2020年1月1日	12549
洗衣机	2020年1月1日	10689
电视机	2020年1月1日	10554
冰箱	2020年2月1日	13677
洗衣机	2020年2月1日	10164
电视机	2020年2月1日	7563
冰箱	2020年3月1日	10009
洗衣机	2020年3月1日	12249
电视机	2020年3月1日	9347

（2）单击"可视化"窗格中的"格式"图标，并设置以下格式：单击"列标题"左侧的下拉按钮，设置"文字大小"为"14 磅"；单击"值"左侧的下拉按钮，设置"文字大小"为"14 磅"；单击"总计"左侧的下拉按钮，设置"背景色"为与其他行或列不同的颜色；单击"背景"左侧的下拉按钮，设置"颜色"为与表格数据背景颜色不同的颜色。

6.3.7 矩阵

矩阵类似于表但与表有所不同。表仅支持两个维度，其表示的数据是二维平面结构的，未聚合重复值。矩阵则可以跨多个维度显示数据，自动聚合数据并启用向下钻取功能。

矩阵

图 6-17 所示为用 Power BI Desktop 制作的矩阵，表示某公司 1～3 月的产品销售额情况，其中每行的总计值和每列的总计值由 Power BI Desktop 自动计算得到。

【例 6-14】在 Power BI Desktop 中制作图 6-17 所示的矩阵。

（1）将表 6-16 所示的数据表导入 Power BI Desktop。在"报表"视图中单击"可视化"窗格中的"矩阵"图标，"可视化"窗格的下半部分将出现"行""列""值"等属性框。将"字段"窗格中的"月份"字段拖放到"行"属性框中并去掉"年""季度"，将"品名"字段拖放到"列"属性框中，将"销售额（元）"字段拖放到"值"属性框中。

（2）单击"可视化"窗格中的"格式"图标，并设置以下格式：单击"列标题"左侧的下拉按钮，将"文字大小"设置为"14 磅"；单击"行标题"左侧的下拉按钮，将"文字大小"设置为"14 磅"；单击"值"左侧的下拉按钮，将"文字大小"设置为"14磅"；将"标题"开关设置为"开"；单击"标题"左侧的下拉按钮，在"标题文本"文本框中输入"2020 年 1～3 月产品销售情况"并设置"文本大小"为"18 磅"；单击"总计"左侧的下拉按钮，设置"背景色"为与其他行列不同的颜色；单击"背景"左侧的下拉按钮，设置"颜色"为与矩阵数据背景颜色不同的颜色。

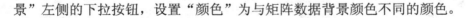

图 6-17 矩阵

表 6-16 用于制作矩阵的数据表

品名	月份	销售额(元)
冰箱	2020年1月1日	12549
洗衣机	2020年1月1日	10689
电视机	2020年1月1日	10554
冰箱	2020年2月1日	13677
洗衣机	2020年2月1日	10164
电视机	2020年2月1日	7563
冰箱	2020年3月1日	10009
洗衣机	2020年3月1日	12249
电视机	2020年3月1日	9347

6.4 高级可视化对象

6.4.1 相关图

相关图

相关图不是 Power BI Desktop 预安装的视觉对象，需要从 Power BI 的 AppSource 导入。导入步骤为：在 Power BI Desktop 中单击"可视化"窗格中的"获取更多视觉对象"图标，单击下拉列表中的"获取更多视觉对象"，出现"Power BI 视觉对象"对话框，在搜索框中输入"Correlation plot"，当搜索结果中出现"Correlation plot"后，单击"Correlation plot"视觉对象具体页面，单击左侧的"添加"按钮，如图 6-18 所示。

从 Power BI AppSource 导入的相关图用于在一个矩阵中用图形表示一组数据之间相互关系的密切程度。例如，图 6-19 所示的相关图表示 Sales（销售额）与 Salary（工资）、Profit（利润）与 Salary（工资）之间关系密切程度的差异。

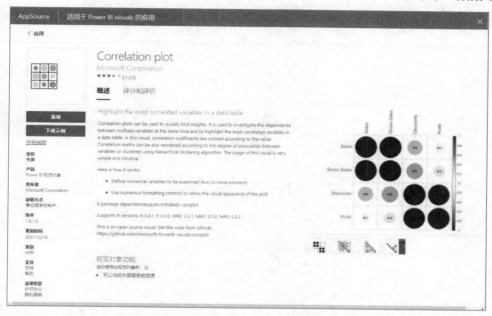

图 6-18　从 AppSource 导入相关图

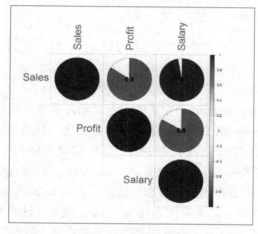

图 6-19　相关图

【例 6-15】在 Power BI Desktop 中制作图 6-19 所示的相关图。

（1）将表 6-17 所示的数据表导入 Power BI Desktop。在"报表"视图中单击"可视化"窗格中"相关图"图标，"可视化"窗格的下半部分将出现"Values"属性框。将"字段"窗格中的"Sales"字段、"Profit"字段和"Salary"字段拖放到"Values"属性框中。

（2）单击"可视化"窗格中的"格式"图标，并设置以下格式：将"Correlation plot parameters"开关设置为"开"，并单击左侧的下拉按钮，将其中的"Element shape"设置为"pie"，"Matrix shape"设置为"upper"；将"Labels"开关设置为"开"，并单击左侧的下拉按钮，将其中的"Font size"设置为 26。

表 6-17　用于制作相关图的数据表

Name	Product	Sales	Profit	Salary
LiBing	TV	4970	1491	745.5
LiBing	WashingMachine	2850	570	285
LiBing	Fridge	2100	525	210
LiBing	TV	2330	699	233
LiBing	WashingMachine	3022	604.4	302.2
LiBing	Fridge	4545	1136.25	681.75
LiBing	TV	2970	891	297
LiBing	WashingMachine	3810	762	381
LiBing	Fridge	2560	640	256
WangHong	TV	2276	682.8	227.6
WangHong	WashingMachine	2952	590.4	295.2
WangHong	Fridge	4977	1244.25	746.55
WangHong	TV	3000	900	300
WangHong	WashingMachine	4000	800	600
WangHong	Fridge	5000	1250	750
WangHong	TV	3276	982.8	327.6
WangHong	WashingMachine	3952	790.4	395.2
WangHong	Fridge	2977	744.25	297.7
ZhangKai	TV	3308	992.4	330.8
ZhangKai	WashingMachine	4887	977.4	733.05
ZhangKai	Fridge	5472	1368	820.8
ZhangKai	TV	2233	669.9	223.3
ZhangKai	WashingMachine	3142	628.4	314.2

6.4.2　聚类图

聚类图

聚类图也不是 Power BI Desktop 预安装的视觉对象，需要从应用商店导入。导入步骤为：在 Power BI Desktop 中单击"可视化"窗格中的"导入自定义视觉对象"图标，单击下拉列表中的"从应用商店导入"，出现"Power BI 视觉对象"对话框；在搜索框中输入"clustering"，当搜索结果中出现"Clustering"时，单击右侧的"添加"按钮，如图 6-20 所示。

从 Power BI 应用商店导入的聚类图采用 K-Means 聚类算法将数据按相似度划分为若干类，再用若干组集中在一起的点表示经过划分的若干类数据。图 6-21 所示的聚类图表示某公司雇员的 Age（年龄）及 Salary（工资）的聚类分布情况。

图 6-20　从应用商店导入聚类图

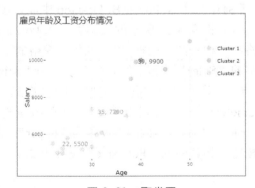

图 6-21　聚类图

122

【例 6-16】在 Power BI Desktop 中制作图 6-21 所示的聚类图。

（1）将表 6-18 所示的数据表导入 Power BI Desktop。在"报表"视图中单击"可视化"窗格中的"聚类图"图标，"可视化"窗格的下半部分将出现"Values""Data point labels""Tooltips""ID"属性框。将"字段"窗格中的"EmployeeName"字段拖放到"ID"属性框中，将"Age"字段拖放到"Data point labels"属性框中，将"Salary"字段拖放到"Values"属性框中。

表 6-18 用于制作聚类图的数据表

EmployeeName	Age	Salary
ZhangKai	24	5000
LiBing	35	7200
WangHong	30	5340
ZhaoZyan	50	11000
LiuHong	28	5200
MaMing	40	10000
LiMing	38	9000
JinLi	37	7000
ZhangXiaoming	22	5500
YanLing	45	9500
QianXiao	32	7100
SunJie	25	5800
LiuLiu	35	7200
LiXiaojun	23	5000
ZhaoJun	39	9900
QianFen	30	7370
SunJian	24	5250
WuMing	40	9980
ZhangYueming	32	6100
HuangJiang	31	6000

（2）单击"可视化"窗格中的"格式"图标，并设置以下格式：将"Cluster representative label"开关设置为"开"，单击"Cluster representative label"左侧的下拉按钮，将"Font size"设置为"8 磅"；将"标题"开关设置为"开"；单击"标题"左侧的下拉按钮，在"标题文本"文本框中输入"雇员年龄及工资分布情况"，将"文本大小"设置为"18 磅"。此外，根据需要可单击"Advanced"左侧的下拉按钮，在其中设置聚类的最小簇数（Minimum clusters）和最大簇数（Maximum clusters）。

6.5 报表

6.5.1 报表简介

报表简介

报表的作用是用可视化形式的视觉对象多角度、多维度地表示数据之间的关系、传达数据隐含的信息、为数据创建动态透视图表并提供见解，使用户能更容易地理解数据和分析数据，图 6-22 所示为 Power BI 报表。设计人员可以在 Power BI Desktop 中创建包含任意数量页面的报表，在每个报表页面中可以添加多个不同类型的视觉对象。此外，设计人员还可以将报表发布到 Power BI Service 供其他用户用浏览器在线查看，或用 Power BI App 在手机上查看。在 Power BI Service 中也可以创建报表并共享给其他用户。

在 Power BI Desktop 和 Power BI Service 中均可对报表中的视觉对象进行编辑。例如，移动视觉对象的位置、改变视觉对象的大小、在报表的不同页面之间复制并粘贴视觉对象等。

在创建报表的过程中，每当在报表画布上添加了一个新的视觉对象或单击一个已有的视觉对象后，该视觉对象的外围会出现一个矩形框，该矩形框被称为"磁贴"。设计人员可随意移动一个视觉对象在报表页面中的位置或调整其大小。移动的操作方法是：单击报表页面中的一个视觉对象，将鼠标指针移到该视觉对象所在的磁贴后，按住鼠标左键不放，拖动鼠标将视觉对象移动到新位置后再释放鼠标左键。调整大小的操作方法是：将鼠标指针移动到已被选中的视觉对象所在磁贴的边框处，再按住鼠标左键不放并移动即可。

在报表的不同页面之间复制视觉对象的操作方法是：先选择报表页面中的一个视觉对象或多个视觉对象（若选择一个视觉对象，则只需单击该视觉对象；若选择多个视觉对象，则需按住 Ctrl 键并依次单击准备选中的视觉对象），按 Ctrl+C 组合键将已选中的视觉对象复制到剪贴板，然后切换到另一个报表页面，再按 Ctrl+V 组合键将已复制到剪贴板的视觉对象粘贴到该页面中。

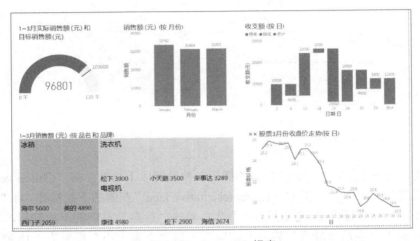

图 6-22　Power BI 报表

完成报表的创建工作后，可以对报表做性能分析和数据筛选，还可以添加书签、查看见解。下面简要介绍这些操作的含义和步骤。

6.5.2　分析窗格

Power BI Desktop 的"分析"功能用于为报表中的某些视觉对象添加"恒定线""趋势线""X 轴恒线""Y 轴恒线""最小值线""最大值线""平均值线""中值线""百分位数线""对称底纹""比率线"等动态参考行，使用户更关注视觉对象所表示的数据中隐含的重要趋势或见解信息等。

"分析"功能只适用于一部分视觉对象，表 6-19 中没有出现的视觉对象"分析"功能是不适用的。

表 6-19 　　　　　　　　　　　　　　"分析"功能适用的视觉对象

视觉对象名称	通过"分析"功能添加的动态参考行类型
堆积条形图	恒定线
堆积柱形图	
百分比堆积条形图	
百分比堆积柱形图	
堆积面积图	
瀑布图	
簇状条形图	恒定线、最小值线、最大值线、平均值线、中值线、百分位数线
簇状柱形图	
折线图	
分区图	
散点图	趋势线、X轴恒线、Y轴恒线、最小值线、最大值线、平均值线、中值线、百分位数线、对称底纹、比率线

【例 6-17】 在图 6-23 所示的折线图上添加恒定线、最小值线、最大值线和平均值线。

选中该折线图，单击"可视化"窗格中的"分析"图标，窗格下方将出现"恒定线""最小值线""最大值线""平均值线""中值线"等分析属性，分别单击"恒定线""最小值线""最大值线""平均值线"左侧的下拉按钮并单击"添加"按钮，然后根据需要设置各个线条的颜色、样式、数据标签等。

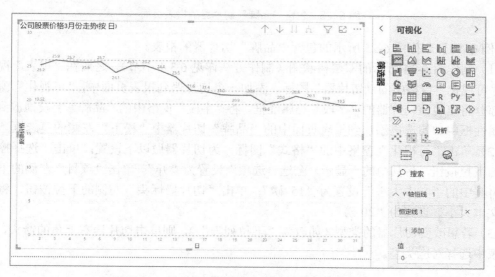

图 6-23　用"分析"功能为折线图添加动态参考行

6.5.3　切片器

Power BI Desktop 的切片器是可以添加到报表中的一种视觉对象，同时也是一种数据筛选方法。使用切片器可控制报表中的其他视觉对象只显示符合某一特定条件的数据。

切片器

例如，图 6-24 所示是一个没有使用切片器的双层树状图。图 6-25 所示是在图 6-24 所示的报表页面中添加了一个"品牌"切片器，并在该切片器中选择"松下"，Power BI 从制作树状图的数据表中筛选出品牌为"松下"的所有电器的销售额，并将其显示在该树状图中的效果。切片器有"列表"和"下拉列表"两种类型，默认类型是"列表"。

图 6-24　未包含切片器的报表页面

图 6-25　包含"品牌"切片器的报表页面

【例 6-18】制作图 6-25 所示的包含"品牌"切片器的报表。

（1）制作图 6-24 所示的双层树状图（制作方法详见 6.3.4 小节）。之后在"报表"视图中单击"可视化"窗格中的"切片器"图标，添加一个切片器到报表页面中，"可视化"窗格的下半部分将出现该切片器的"字段"等属性框，将"字段"窗格中的"品牌"字段拖放到"字段"属性框中。勾选已添加到报表页面中的"品牌"切片器中"松下"左侧的复选框。

（2）单击"可视化"窗格中的"格式"图标，为切片器做以下设置：单击"选择控件"左侧的下拉按钮，将其中的"显示'全选'选项"设置为"开"；单击"项目"左侧的下拉按钮，将其中的"文本大小"设置为"15 磅"；单击"切片器标头"左侧的下拉按钮，将其中的"文本大小"设置为"20 磅"。

（3）若想改变切片器的类型（如改为"下拉列表"），则单击切片器右上角的箭头，在下拉列表中选择对应类型。

6.5.4　书签

Power BI Desktop 的书签用于保存当前报表页面的配置（包括视觉对象的状态及数据筛选情况）。添加书签和使用书签都需要在"书签"窗格中进行。

【例 6-19】在当前报表页面中添加书签。

（1）在 Power BI Desktop 中打开"书签"窗格：单击"视图"选项卡，在"显示窗格"

功能区中单击"书签"按钮，如图 6-26 所示。

（2）单击"书签"窗格中的"添加"按钮，创建一个书签。该书签除了保存了当前报表页面中视觉对象的选择状态、排列顺序、钻取位置及可见性（使用"选择"窗格可将当前报表页上的某个视觉对象设置为"显示"或"隐藏"状态）外，还保存了当前报表页面中的筛选器、切片器及任何可见视觉对象的"焦点"或"聚焦"模式。

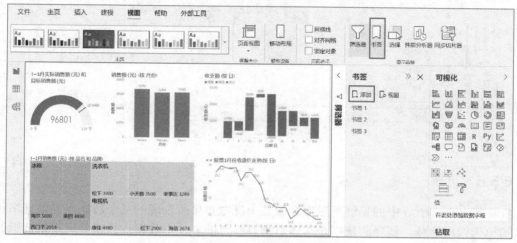

图 6-26　显示"书签"窗格

无论 Power BI Desktop 的"报表"视图中当前显示的是报表的哪个页面，只要单击"书签"窗格中的某个书签名称，都会立刻切换到该书签保存的报表页面。

若单击"书签"窗格中某个书签名称右侧的省略号，则出现图 6-27 所示的下拉列表，选择其中的相关选项可以对该书签进行重命名、删除和更新等操作。

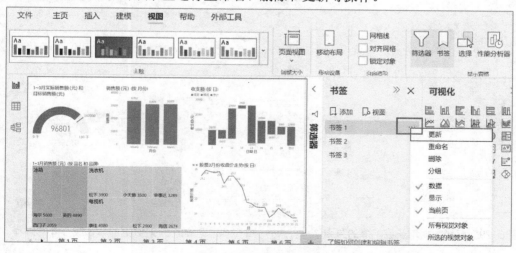

图 6-27　更新"书签 1"

单击"书签"窗格中的"视图"按钮会进入书签放映模式，此时在报表底部会出现书签放映控制条，如图 6-28 所示，若想退出书签放映模式，则单击"书签"窗格中的"退出"按钮或书签放映控制条中的"×"按钮。

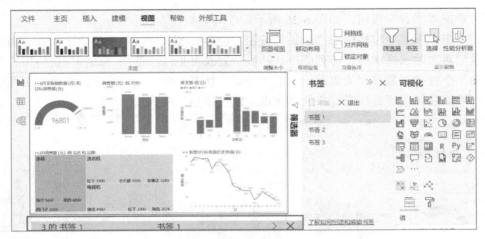

图 6-28 放映"书签1"

6.5.5 见解

Power BI Desktop 中的见解是对报表中某个视觉对象所表现的某个数据点的数据增长或下降的原因做出解释，解释的依据是与该数据点相邻的上一个数据点数据并运用机器学习算法后得到的结果。

【例 6-20】使用鼠标右键单击图 6-29 所示的瀑布图中代表 2 月份销售额的柱形，在弹出的菜单中选择"分析→解释此下降"选项，Power BI 用文字和瀑布图对 2 月份销售额下降的原因做出了解释，如图 6-30 所示。

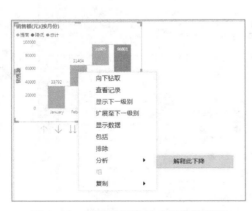

图 6-29 解释数据增长或下降的原因

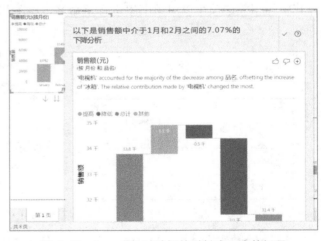

图 6-30 Power BI 对数据的增长或下降的解释

此外，Power BI 中的见解还可以为报表中某个视觉对象所表现的不同类别数据找出其分布情况。

【例 6-21】使用鼠标右键单击图 6-31 所示的折线和堆积柱形图中代表某销售员 3 月份销售额的柱形，在弹出的菜单中选择"分析→找出此分布的不同之处"选项，Power BI 用文字和柱形图对该销售员 3 月份 3 种产品的销售额分布情况做出了解释，如图 6-32 所示。

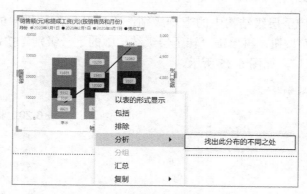

图 6-31　找出数据分布的不同之处

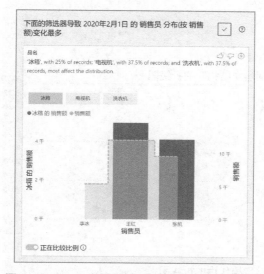

图 6-32　Power BI 对数据分布的不同之处的解释

6.5.6　钻取

Power BI Desktop 中的钻取是提供给报表读者的一种交互性操作。若读者对报表中的某个视觉对象做某种钻取操作，则报表中会显示之前该视觉对象没有显示的更详细的数据。

第一种钻取操作是对包含"层次结构"数据的视觉对象做向下钻取或向上钻取。向下钻取显示该视觉对象当前没有显示的更详细的数据；向上钻取显示聚合后的数据。层次结构是指由具有层次关系的两个或多个数据列组成的列组。例如，组成一个日期的年、季度、月份、日具有层次结构，因此在导入含有日期的数据时，Power BI 会自动为日期建立层次结构，如图 6-33 所示。若某个视觉对象包含"日期层次结构"，就可以对该视觉对象做钻取操作。

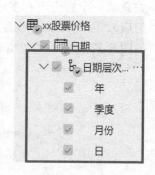

图 6-33　日期层次结构

例如，图 6-34 所示是用表 6-20 中的"日期"和"股票价格（元）"数据制作的折线图（当前 x 轴的日期单位是"年"）。一旦选中该折线图，其上方就会出现 4 个钻取按钮：①向上钻取；②向下钻取；③转至层级结构中的下一级别；④展开层次结构中的所有下移级别。如果先单击"向下钻取"按钮，再单击"转至层级结构中的下一级别"按钮，则折线图中 x 轴的日期单位将变为"日"，如图 6-35 所示。

图 6-34　包含"日期层次结构"的折线图

表 6-20　制作折线图的数据表

日期	股票价格(元)
2020年3月2日	25.16
2020年3月3日	25.91
2020年3月4日	25.69
2020年3月5日	25.59
2020年3月6日	25.7
2020年3月9日	24.12
2020年3月10日	25.1
2020年3月11日	25.15
2020年3月12日	24.41
2020年3月13日	23.53
2020年3月16日	21.61
2020年3月17日	21.42
2020年3月18日	20.98
2020年3月19日	20.9
2020年3月20日	20.94
2020年3月23日	19.58
2020年3月24日	20.03
2020年3月25日	20.82
2020年3月26日	20.3
2020年3月27日	19.94
2020年3月30日	19.53
2020年3月31日	19.52

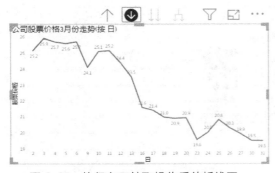

图 6-35　执行向下钻取操作后的折线图

除了用"日期"制作的视觉对象可以做钻取操作外，用自行创建的层次结构制作的视觉对象也可以做钻取操作。例如，在图 6-36 所示的数据表中，"省份"和"城市"有上下层次关系（一个省份下有多个城市），"城市"和"门店"也有上下层次关系（一个城市下有多个门店）。因此可以在当前数据表中创建一个包含"省份""城市""门店"的"省份 层次结构"，如图 6-37 所示。用"省份 层次结构"和"销售额"数据制作的视觉对象也可以做钻取操作。

图 6-36　具有层次关系的字段

图 6-37　自行创建的结构层次列

【例6-22】 在图6-36所示的数据表中创建"省份 层次结构",其中包含"省份""城市""门店"。用"省份 层次结构"和"销售额"数据制作一个簇状柱形图,对该簇状柱形图做钻取操作。

(1)用鼠标右键单击"省份"字段,在弹出的菜单中选择"创建层次结构"选项,这时在当前数据表中创建一个包含"省份"字段的层次结构——"省份 层次结构"。再用鼠标右键单击"城市"字段,在弹出的菜单中选择"添加到层次结构→省份 层次结构"选项,最后用鼠标右键单击"门店"字段,在弹出的菜单中选择"添加到层次结构→省份 层次结构"选项。

(2)在当前报表页面中用"省份 层次结构"字段和"销售额"字段建立一个簇状柱形图,此时在簇状柱形图中显示的是按省份销售额排列的簇状柱形图,如图6-38所示。

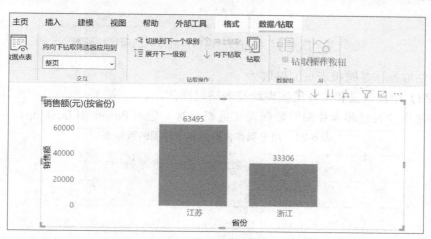

图 6-38　按省份销售额排列的簇状柱形图

(3)对图6-38所示的簇状柱形图做向下钻取操作。选中该视觉对象,先单击"数据/钻取"选项卡中的"向下钻取"按钮或簇状柱形图右上方的钻取操作按钮↓,再单击"数据/钻取"选项卡中的"展开下一级别"或簇状柱形图右上方的钻取操作按钮↓↓。这时在簇状柱形图中显示按城市销售额排列簇状柱形图,如图6-39所示。

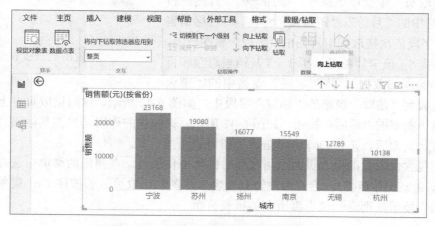

图 6-39　按城市销售额排列的簇状柱形图

（4）单击簇状柱形图右上方的钻取操作按钮 ↑，返回图 6-38 所示的按省份销售额排列的簇状柱形图。双击钻取操作按钮 ⌂ 后，图中显示按省份、城市和门店销售额排列的簇状柱形图，如图 6-40 所示。

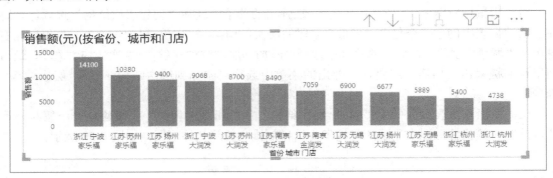

图 6-40　按省份、城市和门店销售额排列的簇状柱形图

第二种钻取操作是跨报表页面钻取。

【例 6-23】用仪表盘和卡片图实现跨报表钻取操作。

（1）将制作仪表盘和卡片图的数据表（见表 6-21）导入 Power BI Desktop。

表 6-21　用于制作仪表盘和卡片图的数据表

月份	销售额(元)	目标销售总额(元)
2020年1月1日	33792	35000
2020年2月1日	31404	36000
2020年3月1日	31605	32000

（2）用导入的数据表中的"月份""销售额（元）""目标销售额（元）"字段在某个报表页面中制作一个仪表盘，显示 1～3 月销售总额和目标销售总额，如图 6-41 所示。

（3）在当前报表中添加一个名为"钻取页"的新页面。在"钻取页"中做以下操作：添加一张卡片图，将"字段"窗格中的"月份""销售额（元）""目标销售额（元）"字段依次拖放到卡片图的"字段"属性框中，并设置字体大小(该卡片图显示了 1～3 月销售总额和目标销售总额的详细数据)；将"字段"窗格中的"销售额"字段拖放到"钻取"窗格的"钻取"字段中，如图 6-42 所示。这时钻取页左上角出现了一个带有箭头图案的"返回"按钮，如图 6-42 所示。该按钮的作用是当在其他报表页中做钻取操作到达此页面后，按住 Ctrl 键单击该按钮可返回上一页。

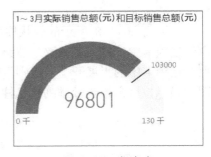

图 6-41　仪表盘

（4）在包含仪表盘的报表页面中用鼠标右键单击仪表盘，在弹出的菜单中选择"钻取→钻取页"选项（见图 6-43），会立即跳转到包含卡片图的钻取页。若按住 Ctrl 键单击钻取页中的"返回"按钮，则返回仪表盘所在的报表页面。

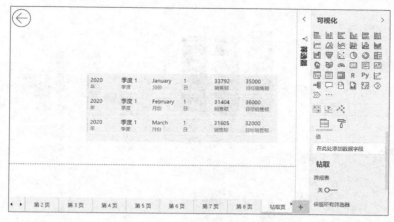

图 6-42 制作钻取页

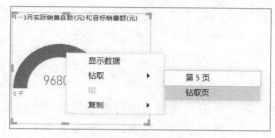

图 6-43 跨页钻取

6.5.7 聚焦

聚焦

Power BI Desktop 中的聚焦用于突出显示当前报表页面中某个特定的视觉对象。

【例 6-24】单击当前报表页面中某个视觉对象右上角或右下角的省略号（见图 6-44），选择下拉列表中的"聚焦"选项，该报表页面中的其他视觉对象都会被淡化，仅突出显示进入"聚焦"模式的视觉对象，如图 6-45 所示。

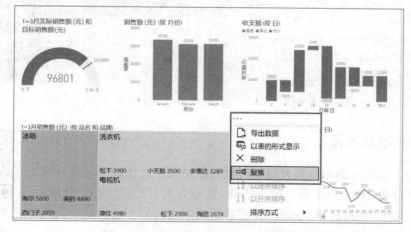

图 6-44 为视觉对象设置"聚焦"模式

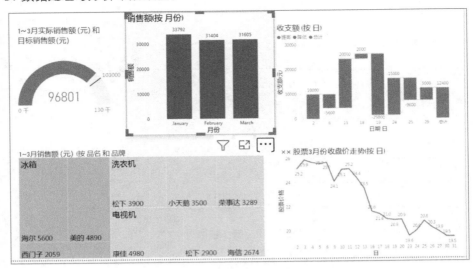

图 6-45 进入"聚焦"模式的视觉对象

6.5.8 报表主题

Power BI Desktop 中的报表主题是指报表的背景颜色及视觉对象所使用的颜色和格式。当某个报表主题被应用于报表后，该报表中的所有视觉对象都会用选定主题中的颜色和格式作为其默认的颜色和格式。设计人员可以从 Power BI 内置的报表主题或自定义的报表主题中选择一种主题应用于整个报表。

【例 6-25】设置报表主题为"创新"。在"视图"选项卡中单击"主题"按钮，再选择主题列表中的"创新"（见图 6-46），整个报表变为图 6-47 所示的效果。

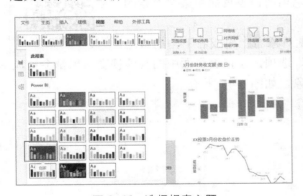

图 6-46 选择报表主题

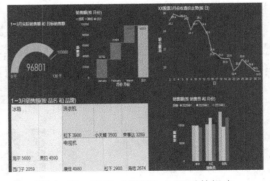

图 6-47 设置"创新"主题后的报表

6.5.9 分组和装箱

Power BI Desktop 中的分组是指将视觉对象中某个数值型字段或日期时间型字段的值域（最小值到最大值的范围）拆分为大小相同的若干组（每个组称为一个箱）；装箱是指 Power BI 将数值型字段的每个数据点归入不同的组后并在视觉对象中显示出来。

例如，图 6-48 所示是未做分组和装箱操作的折线图。

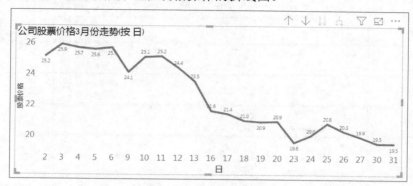

图 6-48　未做分组和装箱操作的折线图

图 6-49 所示是对该折线图按"日期"字段分组并装箱后的折线图（设置"最小值"为"2020年 3 月 2 日"，"最大值"为"2020 年 3 月 31 日"，"装箱类型"为"装箱大小"，"装箱大小"为"5 天"）。

图 6-50 所示是对该折线图按"股票价格"字段分组并装箱后的折线图（设置"最小值"为"15.92"，"最大值"为"25.91"，"装箱类型"为"箱数"，"装箱计数"为"4"，"装箱大小"为"1.5975000000000001"）。

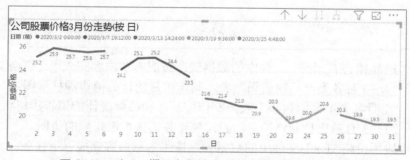

图 6-49　对"日期"字段做分组和装箱操作后的折线图

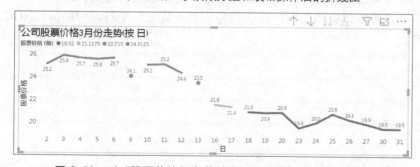

图 6-50　对"股票价格"字段做分组和装箱操作后的折线图

【例 6-26】制作图 6-50 所示的对"股票价格"做分组和装箱操作后的折线图。

单击"字段"窗格中"股票价格"右侧的省略号，选择下拉列表中的"新建组"选项，在随后出现的"组"对话框中设置"装箱类型"为"箱数"，"装箱计数"为"4"，单击"确定"按钮，如图 6-51 所示。这时"字段"窗格的当前数据表中增加了一个名为"股票价格

（箱）"的字段。

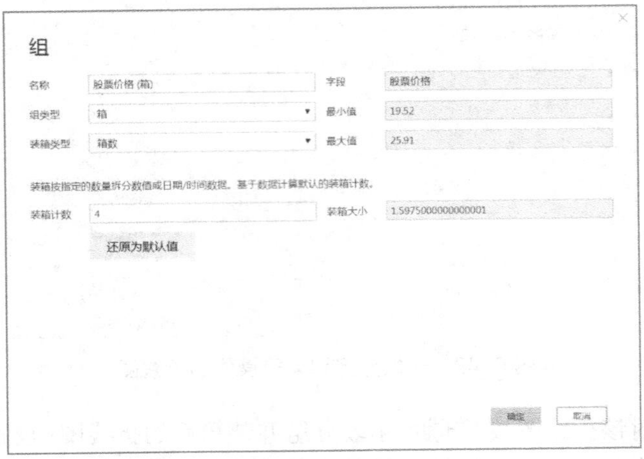

图 6-51 设置装箱参数

在"报表"视图中单击"可视化"窗格中的"折线图"图标，"可视化"窗格的下半部分将出现"轴""图例""值"等属性框。将"字段"窗格中的"日期"字段拖放到"轴"属性框中，将"股票价格（箱）"字段拖放到"图例"属性框中，将"股票价格"字段拖放到"值"属性框中。

练习

1. 导入"产品销售表.xlsx"文件中的数据表，按照本章内容完成以下任务。
（1）基于"1～3 月各类产品销售额"表，制作按月统计的销售额柱形图。
（2）基于"1 月各类产品销售额"表，制作按品名和品牌统计的销售额树状图。
（3）基于"1～3 月销售员业绩排名"表，制作各销售员销售额的饼图。
2. 导入"股票价格.xlsx"文件中的数据表，按照本章内容完成以下任务。
（1）基于"××股票价格"表，制作该股票 3 月份收盘价走势折线图。
（2）基于"××股票价格"表，以 5 天为大小，将上一个练习中的折线图按"日期"字段分组并装箱。

第7章 Power Pivot 中的 DAX 语言

7.1 DAX 语言基础

7.1.1 Power Pivot 和 DAX 语言

Power Pivot 是 Excel 和 Power BI 中实现数据分析的核心组件。相较于 Excel，Power BI 更能发挥 Power Pivot 的功能，因为其界面更加友好，更新也非常及时。在 Power BI 中，主要通过"建模"选项卡使用 Power Pivot。Power Pivot 进行数据建模分析和计算时使用的主要语言是 DAX，数据建模分析和计算的结果则需要结合报表和可视化对象展示出来。

DAX 的全称为 Data Analysis eXpressions，意思是用于数据分析的表达式语言，最早于 2010 年在 Excel 2010 中随 Power Pivot 一起发布。目前在 Excel 2010 及其后的版本、Power BI 和 Microsoft SQL Server 中都支持使用 DAX 语言进行数据分析，但是不同软件中使用的 DAX 语言略有差别。

掌握了 DAX 语言并会使用 Power Pivot，便掌握了用 Power Pivot 进行数据分析的能力。具有这种能力的用户可以快速依据自己的想法构建 DAX 公式和进行可视化更选分析，而不需要在企业的业务部门和数据分析部门之间以一种相互割裂和等待的方式进行依赖于数据分析的决策指导。

熟练使用 Power Pivot 做数据建模分析的关键是透彻地理解数据建模的思路并熟练掌握 DAX 语言。DAX 语言看起来有点类似于 Excel 中的公式，但两者有本质上的不同。学习 DAX 语言需要从原理上学，用简单而通俗的一句话概括就是：理解如何在数据筛选的基础上进行面向业务逻辑的计算。

房地产调控是目前国家的重点方向，接下来本章将以二手房销售数据的分析为例，介绍使用 Power BI 进行数据分析的方法，以体现数据分析对管理决策的作用。图 7-1 所示为一个使用 Power BI 进行数据分析的例子。整张图的上部是"建模"选项卡的功能区；左侧可以切换报表、数据和模型视图，目前处于"报表"视图中；下面的中间部分是报表页，其中已有两个视觉对象，目前选中的视觉对象是右边的簇状柱形图，该图比较并分析了按装修程度分类的所有二手房每平方米均价和 2000 年后按装修程度分类的二手房每平方米均价；下面右侧的两个子窗口分别是可视化对象选择区域和属性设置区域，以及数据表和字段设置区域，可以看到簇状柱形图中展示的分析效果来自数据表 house 的两个计算结果，即"每平方米均价"

和"2000 年后每平方米均价"。目前在"建模"选项卡的 DAX 公式编辑区域中显示了被选中的"2000 年后的每平方米均价"的 DAX 公式。

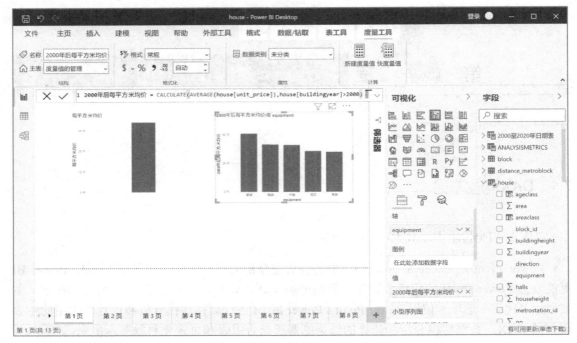

图 7-1　数据分析和 DAX 公式的例子

7.1.2　DAX 公式形式

对于图 7-1 所示的例子，计算"2000 年后每平方米均价"的 DAX 公式如下。

2000 年后每平方米均价=CALCULATE(AVERAGE(house[unit_price]),house[buildingyear]>2000)

其代表的含义是先在 house 表中按照"buildingyear 列的属性值>2000"的条件对数据进行筛选，根据得到的数据再计算每平方米价格的平均值。该公式中的计算分两步进行，第一步是依照业务分析逻辑条件筛选出计算数据，第二步是完成指定的业务逻辑计算。这些分析计算步骤作为 DAX 公式保存在数据分析模型中，该公式名为"2000 年后每平方米均价"，当进行具体分析时再动态执行此公式。当这个名为"2000 年后每平方米均价"的 DAX 公式被用到柱形图中时，Power BI 会根据选中的 x 轴属性 equipment 对每种装修程度的属性值再做一次数据筛选，然后对每种装修程度的数据动态执行 DAX 公式，从而得到按装修程度分类的 2000 年后的二手房每平方米均价并展示在柱形图中，实现计算后通过可视化对比进行数据分析的效果。

从语法格式上说，每个 DAX 公式应按照以下规则构建。

* 以等号"="开始。

* 由标量运算符、标量常量和 DAX 函数等语法单位构成，如上例中的运算符">"、整型常量 2000、DAX 库函数 CALCULATE 和 AVERAGE 等。

* 除了标量常量外，公式中引用的操作数都来自数据模型中的表对象或表中的列对象，

如上例中的 house[unit_price]和 house[buildingyear]。

- 按照作用的不同，DAX 公式可能返回一个标量值、表中的一列或者一个表对象。
- DAX 公式用于构建度量值、计算列、计算表等计算对象，因此可以在等号 "=" 左边为这些 DAX 公式命名。

7.1.3　DAX 公式引用对象的命名规则

DAX 公式会引用表对象名、属性列名、公式对象名等，这些被引用的对象名由 UNICODE 字符构成，引用时需要遵循一定的语法规则，语法规则如下。

- 表名和列名如果不包括空格和 "." ","";""'""." "∧" "/" "?" "&" "%" "$" "!" "+" "=" "()" "[]" "{}" "<>" 等特殊字符，则可以直接使用，否则需要使用单引号将其引起来，如'suppose ratio'。
- 当引用列名、计算列、度量值这样的公式对象时，需要使用方括号将其括起来，如[2000 年后每平方米均价]。
- 当引用列名、计算列、度量值这样的公式对象时，需要使用限定名称形式，即 "表名[对象名]" 的形式。有些函数支持隐式限定名，例如，在同一张表的上下文中进行计算时，可以直接使用 "[列名]" 形式；但是有些函数要求使用显式的完全限定名，如 house[unit_price]。

7.1.4　DAX 语言数据类型

Power Pivot 主要基于表格数据模型进行数据分析，而表格中的数据来自 Power Query 中基于 M 语言实现的查询。适用于数据分析的表格应是结构化的表格，即表格中每个属性列的数据必须是数值、文本、日期等原子类数据类型，不能是列表、记录等包含多个元素的集合类数据类型。由于最终做数据分析的表格中的数据可能来自不同的数据源，整理得到的表格各属性列的数据类型也多种多样，因此 DAX 语言的数据类型主要用于统一、规范数据分析中将进行计算的数据的数据类型。表格中的数据在参与 DAX 公式的计算时会统一转换为 DAX 语言数据类型。

DAX 语言数据类型主要包括整数类型、实数类型、逻辑类型、字符串类型、日期/时间类型、货币类型等，此外还有针对不可处理类型数据的空白类型，以及并不会影响最终计算结果，而是作为很多 DAX 库函数的参数类型的表数据类型。DAX 语言数据类型及其与 M 语言中数据类型的对应关系如表 7-1 所示。

表 7-1　　　　　　　　DAX 语言数据类型及其与 M 语言中数据类型的对应关系

DAX 语言数据类型	M 语言中对应数据类型	解释
Integer（64 位整数）	Number 类型	表示整数，可以作为度量值、计算列、DAX 函数中整数参数的数据类型
Double（64 位实数）	Number 类型	表示实数，可以作为度量值、计算列、DAX 函数中实数参数的数据类型
Boolean（逻辑类型）	逻辑类型	只有 true 和 false 两个值，可以作为 DAX 函数中表示条件的参数的数据类型
String（字符串类型）	文本类型	表示文本数据，可以作为度量值、计算列、DAX 函数中文本参数的数据类型

DAX 语言数据类型	M 语言中对应数据类型	解释
Currency（货币类型）	Number 类型	表示货币类型的数据
空白类型	null 类型等	不能表示为其他 DAX 语言数据类型的情况统一用空白类型表达
表数据类型	表格类型	用于返回表对象的 DAX 函数，以及作为 DAX 函数中表对象参数的数据类型

DAX 语言数据类型的名称在 DAX 库函数中通常不会显式出现，在输入 DAX 公式时也不会显式提示，但用户在输入 DAX 公式时需要明确理解其名称。在少数应用场合，例如，在使用 DAX 内联表值方式建表时，需要明确给出所构建的表对象的列属性名称和数据类型，此时需要显式地给出数据类型名称。

7.1.5　DAX 语言运算符

DAX 语言中的运算符只用于在构造度量值、计算列等 DAX 公式时表示所需的计算功能，包含算术运算符、关系运算符、文本连接运算符和逻辑运算符等运算符，这几类运算符的符号、解释、优先级和示例如表 7-2 所示。

表 7-2　　　　　　　　　　　　　　DAX 语言运算符

类别	运算符	解释	优先级	示例
圆括号	()	提升圆括号里运算符的优先级	1	(1+2)*3
算术运算符	^	乘幂运算	2	2^3
	−	单目负号	3	−1
	*、/	乘法、除法运算	4	3*5
	+、−	加法、减法运算	6	1+2
单目逻辑运算符	!	逻辑非	5	!false
文本连接运算符	&	文本连接运算	7	"hi"& "world!"
关系运算符	=、==、<、<=、>、>=	关系运算	8	5>3
双目逻辑运算符	&&	逻辑与运算	9	5>3 && 3>1
	‖	逻辑或运算	10	5>3 ‖ 3>1

DAX 语言中的每个运算符决定了计算的性质和对操作数的类型要求。若某个操作数的类型不符合运算符的要求，则在一些上下文环境中会自动进行隐式数据类型转换。例如，文本连接运算符"&"要求两个操作数都是文本类型，在做"model" & 2 计算时，Integer 类型的操作数 2 会被自动转换成 String 类型的"2"，最终按"model" & "2"进行计算，结果为"model2"。

7.2　DAX 计算基础

接下来介绍的内容将基于一张二手房信息表，该表给出了二手房成交记录的具体信息，包括卧室数量、客厅数量、卫生间数量、面积、朝向、所在楼层、楼宇高度、装修程度、楼宇建造年份、小区编号、邻近地铁站编号、销售日期、每平方米价格等信息，如图 7-2 所示。

rooms	halls	tollets	area2	direction	househeight	buildingheight	equipment	buildingyear	block_id	metrostation_id	sale_date	unit_price
2	2	1	79.1	南北	2	7	精装	2010	BK023	M004	2020年3月10日	22900
2	2	1	88.4	南北	7	7	简装	2007	BK230	M004	2020年4月13日	17800
2	2	1	97.3	南北	4	7	简装	2006	BK230	M004	2019年9月11日	19100
2	2	1	91.3	南北	3	7	精装	2006	BK060	M004	2019年9月9日	22100
2	2	1	88.8	南北	4	7	精装	2009	BK230	M004	2020年4月28日	19600
2	2	1	87.6	南北	7	7	中装	2008	BK230	M004	2020年4月21日	20100
2	1	1	78.2	南北	3	7	简装	2011	BK023	M004	2020年4月14日	23000
2	2	1	84.3	南北	4	7	中装	2009	BK060	M004	2020年4月9日	19700
2	2	1	85.3	南北	2	7	精装	2010	BK715	M004	2020年4月3日	20400
2	2	1	83.6	南北	2	7	简装	2010	BK004	M004	2020年3月4日	21900
2	2	1	93.4	南北	4	7	中装	2008	BK230	M004	2019年11月14日	20800
2	2	1	88.5	南北	6	7	精装	2006	BK230	M004	2019年10月19日	19700
2	2	1	89	南北	5	7	精装	2006	BK007	M004	2019年11月26日	19000

图 7-2　示例数据表

7.2.1　度量值

度量值

度量值是指从数据分析角度出发，在数据集上根据业务逻辑进行计算得到分析指标值的动态 DAX 计算公式，最终的计算结果是一个标量值。在标量值公式中，通常通过引用数据模型中表属性的方式表示分析计算针对的数据集，而所构建的 DAX 公式表示分析计算的方法。一些较为简单的分析计算可以直接调用 DAX 标准聚合函数完成，如求和函数 SUM 和求平均值函数 AVERAGE 等。而一些较为复杂的、与具体应用相关的分析计算，则需要由分析者自定义 DAX 公式来完成。度量值是数据分析中需要的基本计算单元，需要结合报表中的视觉对象才能达到数据分析的目标。度量值的动态性体现在用 DAX 公式只定义了计算的方法，而公式中的属性和与视觉对象相关的筛选器决定了计算真正基于的数据集。例如，当分析某公司产品的总销售额情况时，可以定义一个计算总销售额的度量值；但在真正体现分析结果时，可以结合柱形图等视觉对象和筛选器来决定这个度量值是针对所有产品计算的总销售额，还是按照产品的类别计算每类产品的总销售额。

可以为度量值命名，一个已命名的度量值又可以作为参数应用到更复杂的度量值计算中。

在 Power BI 的"数据"视图的"表工具"选项卡或"报表"视图的"建模"选项卡中，单击"新建度量值"按钮可以创建度量值，如图 7-3 所示。也可以在"数据"视图中选中某个数据表后单击鼠标右键，在弹出的菜单中选择"新建度量值"选项，创建度量值。

图 7-3　新建度量值

例如，选中 house 表，要构造一个计算二手房每平方米均价的度量值，可以在单击"新建度量值"按钮后，在新建度量值的 DAX 公式编辑框中输入如下 DAX 公式并按回车键。

```
每平方米均价 = AVERAGE('house'[unit_price])
```

　　其中，"每平方米均价"是度量值的名称；AVERAGE 是计算数值列中所有数值平均值的 DAX 库函数，这里的'house'[unit_price]是其参数，表示计算 house 表的 unit_price 列的平均值。当度量值创建成功后，可以在选中的 house 表的结构下看到"每平方米均价"度量值，其左边有一个小计算器图标，如图 7-4 所示。接下来可以在其他 DAX 公式中通过名称"house[每平方米均价]"引用这个度量值，也可以在报表中基于这个度量值创建视觉对象来进行数据分析。例如，可以在报表页中创建一个簇状柱形图，用"house[每平方米均价]"作为"值"属性，该视觉对象将以柱形图的方式显示 house 表中所有二手房的每平方米均价信息；接着可以创建一个簇状柱形图，用"house[每平方米均价]"作为"值"属性，使用"house[equipment]"（装修情况）作为横轴属性，第二个簇状柱形图将显示二手房按照装修程度分别计算的每平方米均价信息，如图 7-5 所示。

图 7-4　度量值示例

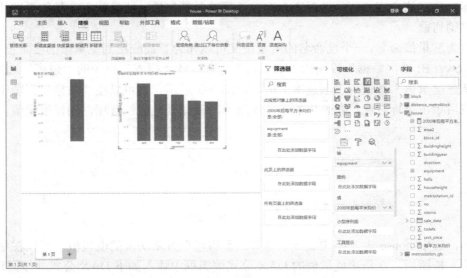

图 7-5　将度量值应用到视觉对象中进行数据分析

7.2.2 计算列

计算列

计算列是指出于数据分析的需要,在数据模型的当前表中,添加根据已有属性列的数据通过 DAX 公式计算得到的新属性列。计算列常见的应用场景包括根据分析对象表中的某个属性列构建一个分量列,例如,根据出生日期列构建一个出生年份列;或者对某个或某些属性列进行计算得到一个新的属性列,例如,根据入职日期列再结合当前日期计算得到工龄属性列等。

计算列本质上是为其所属的表对象计算新的属性列的 DAX 公式。当为某个表对象新建属性列后,将根据计算列的 DAX 公式为表格中的每一行数据计算出新的属性值,并保存在内存中,供数据分析时使用。如果表格数据发生了变化,或者关闭了当前 Power BI 文件并再次将其打开,则可以通过刷新来重新计算新属性列的值。

计算列和度量值的区别主要有以下两点。

- 度量值是基于数据表中某个属性列的所有行数据进行计算,最终得到的一个标量值;计算列是对表中的每一行数据分别进行计算并得到一个值,最终所有行的计算结果构成一个新的属性列。

- 度量值存储时不存储计算结果,只存储 DAX 公式,DAX 公式只有在与视觉对象结合进行数据分析时才会计算;计算列不仅会存储 DAX 公式,还会将计算结果保存在内存中,并且可以根据需要通过刷新的方式重新计算结果。

在 Power BI 的"数据"视图的"表工具"选项卡或"报表"视图的"建模"选项卡中,单击"新建列"按钮,可以创建计算列,如图 7-6 所示;也可以在"数据"视图中选中某个数据表后单击鼠标右键,在弹出的菜单中选择"新建列"选项,创建计算列。

图 7-6 新建计算列

例如,为 house 表创建一个表示房型的文本类型计算列,可以单击"新建列"按钮,在新建列的 DAX 公式编辑框中输入以下 DAX 公式并按回车键。

```
房型 = 'house'[rooms] & "房" & 'house'[halls] & "厅" & 'house'[toilets] & "卫"
```

该计算列的名称为"房型",由 house 表的 rooms、halls、toilets 3 列中的值转换为文本后和"房""厅""卫"等汉字文本常量进行文本连接运算后得到。创建成功后,在 house 表中可以看到新生成的"房型"列的数据,在 house 表的结构中可以看到作为属性的"房型",它由带有"fx"的特殊图标标识,如图 7-7 所示。

图 7-7　计算列示例

7.2.3　计算表

在做数据分析之前，需要用 Power Query 组件从数据源中提取数据并将数据处理成适合做数据分析的结构化表对象，将其作为建立数据模型的基础。此后，在数据建模分析过程中，可能需要构建一些新的辅助表对象，这些辅助表对象的来源和用途可能有以下几种场景。

- 完全复制某个表而生成的表。例如，某个数据表的源表用于进行数据计算，复制表用于进行数据筛选。
- 基于现有数据模型中的表派生出来的表。例如，从多个关联的表中通过查询生成的辅助表，或者对现有的表进行集合并运算、集合交运算后生成的辅助表，可作为数据分析的基础表。
- 不依赖数据模型中现有表对象的数据，完全用 DAX 公式生成一个新表。例如，用于作为参数的表。

为了达到以上目标，可以通过 DAX 公式或者 DAX 查询生成所需的表对象，这便是 Power BI 中的"计算表"。可以在 Power BI "数据"视图的"表工具"选项卡或"报表"视图的"建模"选项卡中单击"新建表"按钮添加计算表，如图 7-8 所示。

图 7-8　新建计算表

例如，用 DAX 公式为房价可能的涨跌幅新建一个涨跌幅预测表，可以单击 Power BI "建模"选项卡中的"新建表"按钮，在新表的 DAX 公式编辑框中输入以下 DAX 公式并按回车键。

suppose_ratio = DataTable("ratio",DOUBLE,{ {-0.1}, {-0.05}, {0.05}, {0.10}, {0.20} })

其中 DataTable 是生成并返回的以内联方式定义数据值集表的库函数，suppose_ratio 是生成的表对象的名称，参数 ratio 是属性列的名称，DOUBLE 是 ratio 列的数据类型，花括号构成的列表包含 ratio 列中每一行的数据，具体实现效果如图 7-9 所示。

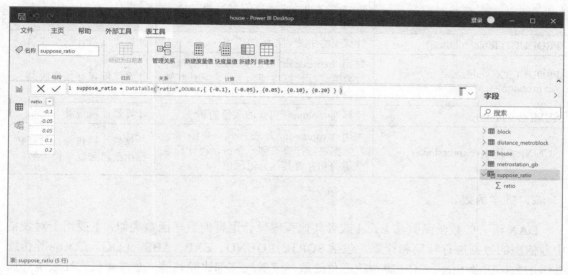

图 7-9　计算表示例

DAX 查询表的例子请见后续章节。

7.3　DAX 语言的库函数概述

Power Pivot 内置了 200 多个 DAX 库函数。从功能上说，DAX 库函数主要承担两类数据分析任务：一类是准备好数据分析时需要的数据，这是通过筛选函数来实现的；另一类是完成分析指标的计算任务。除了可以完成数据分析任务外，还有一些 DAX 库函数可以完成错误处理等任务。

下面介绍主要的 DAX 库函数分类，以及各个类别中比较重要的 DAX 库函数。

1. 聚合函数

聚合函数通常对表中的所有行聚合统计得到一个标量值，表 7-3 仅对比较重要的聚合函数做简单介绍。

表 7-3　　　　　　　　　　　　　　　　　　聚合函数

函数	解释	可能的应用场景
AVERAGE(<column>)	统计列<column>中包含的数值的算术平均值	计算平均工资、计算房屋每平方米均价
AVERAGEX(<table>,<expression>)	使用<expression>对表<table>的每一行进行计算得到一个计算结果，再计算每行计算结果的平均值	计算由工资和奖金构成的每个人总收入平均值

函数	解释	可能的应用场景
COUNT(<column>)	统计列<column>包含的数值型、日期型和字符串型数据的个数	统计销售订单数
COUNTBLANK(<column>)	统计列<column>包含的空白单元格的个数	统计缺失的数据个数
PRODUCT(Table[column])	计算表格中某列数值的乘积	计算年度累计投资收益
PRODUCTX(<table>,<expression>)	先用<expression>对表<table>中的每一行数据进行计算得到一个值，再计算这些值的乘积并将其作为返回值	计算年度累计投资收益
SUM(<column>)	计算列<column>包含的数值的和	计算累计销售量
SUMX(<table>,<expression>)	先用<expression>对表<table>中的每一行数据进行计算得到一个值，再计算这些值的和并将其作为返回值	计算累计销售额，每行数据由数量乘以单价得到

2. 数学函数

DAX 语言的数学函数与 Excel 或者其他程序设计语言的数学函数类似，主要用于对表格中数值型的数据进行转换和计算，包括 SQRT、ROUND、EXP、ABS、LOG、LOG_{10} 等传统数学函数，以及 SIN、COS 等传统三角函数，读者应该都比较熟悉。表 7-4 仅对比较重要而读者可能不太熟悉的数学函数做简单介绍。

表 7-4 数学和三角函数

函数	解释	可能的应用场景
DIVIDE(<numerator>,<denominator>[,<alternateresult>])	实现除法运算，当分母为 0 时返回 BLANK	用于除法运算符可能出错的场合
QUOTIENT(<numerator>,<denominator>)	执行除法运算，并仅返回除法运算结果的整数部分	做整除运算时应用
RAND()	返回大于或等于 0 并且小于 1 的随机实数	做模拟计算时应用
TRUNCT(<number>,<num_digits>)	通过舍弃小数部分将实数截断为整数	获取实数的整数部分

3. 统计函数

表 7-5 仅对数据分析中比较重要而读者可能不太熟悉的统计函数做简单介绍。

表 7-5 统计函数

函数	解释	可能的应用场景
RANK(<table>,<expression>[,<value>[,<order>[,<ties>]]])	根据<expression>计算排名	每个分公司的年度销售业绩排名
RANK.EQ(<value>,<columnName>[,<order>])	计算参数值<value>在数据集<columnName>中的排名，<order>表示数据集<columnName>中的数据是升序排列还是降序排列	计算本部门每个人的销售业绩在全公司所有人的销售业绩中的排名

4．文本函数

　　总体而言，文本函数和 Excel 中的文本函数非常类似，除了 LEN、LEFT、RIGHT、LOWER、UPPER 等常见的文本处理函数外，表 7-6 仅对比较重要而读者可能不太熟悉的文本函数做简单介绍。

表 7-6　　　　　　　　　　　　　　　　　文本函数

函数	解释	可能的应用场景
FORMAT(<value>, <format_string>)	根据指定的格式将<value>转换为文本，具体的格式需要参考 DAX 语言的相关说明	将日期数据转换成符合某些文化习惯的文本
REPLACE(<old_text>, <start_num>, <num_chars>, <new_text>)	根据指定的起始位置和长度进行文本子字符串的替换	术语的替换
REPT(<text>, <num_times>)	重复参数<text>若干次构造新的字符串	特定数字字符串的构造
FIND(<find_text>,　<within_text>[, [<start_num>][, <NotFoundValue>]])	根据子字符串的内容在母字符串中从指定位置开始查找子字符串，返回子字符串的起始位置。字母需区分大小写	在名字列中查找指定的姓或者名的人
SEARCH(<find_text>, <within_text>[,　[<start_num>][, <NotFoundValue>]])	根据子字符串内容在母字符串中从指定位置开始查找子字符串，返回子字符串的起始位置。字母不区分大小写，可以使用通配符	在公司名称列中查找公司名称中包含"科技"的所有公司
SUBSTITUTE(<text>, <old_text>,<new_text>, <instance_num>)	根据子字符串内容进行子字符串替换	替换产品、装备等名称中的代码

5．日期和时间函数

　　日期和时间函数用于生成日期时间数据、提取日期时间数据的分量和进行常规的日期时间计算，除了 TODAY、YEAR、MONTH、DAY、HOUR、MINUTE、SECOND 等常见的日期和时间函数外，表 7-7 仅对比较重要而读者可能不太熟悉的日期和时间函数做简单介绍。

表 7-7　　　　　　　　　　　　　　　　日期和时间函数

函数	解释	可能的应用场景
CALENDAR(<start_date>, <end_date>)	返回包含由指定的开始日期到指定的结束日期之间的所有日期构成的数据表	用于构建日期表，以辅助基于日期和时间的智能分析
DATEDIFF(<start_date>, <end_date>, <interval>)	返回两个日期之间以参数<interval>为单位的间隔数	统计两个日期之间相隔的天数、月数、小时数等
DATEVALUE(date_text)	将文本类型的日期数据转换为日期类型的数据	将身份证号码中的出生日期部分转换为日期类型的数据
NOW()	返回当前的系统日期和时间	计算某人的年龄、流逝的时间等数据

续表

函数	解释	可能的应用场景
TIMEVALUE(time_text)	将文本类型的时间数据转换为时间类型的数据	转换数据表中文本类型的时间数据为时间类型的数据，以便进行日期时间运算
EDATE(<start_date>, <months>)	返回距开始日期之前或之后指定月份数的日期	计算截止日期，如考试日期、发货日期等

6. 时间智能函数

时间智能函数的功能是生成指定范围内的日期时间数据表，从而可以进行基于指定时间段的商业智能分析。例如，对指定时间范围内的销售订单进行统计计算。表 7-8 仅对比较重要的时间智能函数做简单介绍。

表 7-8 时间智能函数

函数	解释	可能的应用场景
DATEADD(<dates>,<number_of_intervals>,<interval>)	根据日期属性列<dates>计算得到的偏移某个时间间隔的时间表	生成和当前表中数据相关的前一年的日期表
DATESBETWEEN(<dates>,<start_date>,<end_date>)	返回日期属性列<dates>中在指定的开始日期和结束日期范围内的日期数据	构建日期筛选条件表

7. 筛选器函数

筛选器函数用于构造分析计算的上下文环境，并在筛选得到的数据上执行指定的计算，它是理解 DAX 语言和 Power Pivot 工作原理的关键。表 7-9 仅对重要的筛选器函数做简单介绍。

表 7-9 筛选器函数

函数	解释	可能的应用场景
ALL([<table> | <column>[, <column>[, <column>[,…]]]])	清除所有的筛选条件，返回指定的数据表<table>和属性列<column>的所有数据	在筛选环境中进行总体的统计计算
ALLSELECTED		
CALCULATE(<expression>[, <filter1>[,<filter2>[,…]]])	除了指定的筛选器函数，清除其他所有的筛选条件，返回指定数据表和属性列的相关数据	在多重筛选环境中确定要保留的筛选条件
CALCULATETABLE(<expression>[, <filter1>[,<filter2>[,…]]])	第一个参数必须是返回表的函数，返回对表进行筛选后的结果	从指定的数据表中筛选并提取数据，作为后续计算的基础
FILTER(<table>,<filter>)	使用参数<filter>作为每行的筛选条件对表<table>进行筛选	从指定的数据表中筛选并提取数据，作为后续计算的基础

函数	解释	可能的应用场景
LOOKUPVALUE(<result_columnName>, <search_columnName>, <search_value>[, <search_columnName>, <search_value>]…[, <alternateResult>])	从表中搜索满足指定属性名和属性值的数据行	在人员信息表中查找某个人的信息
VALUES(<TableNameOrColumnName>)	提取指定属性列中不重复的数据组成作为返回值的一列	列数据去重

8. 逻辑函数

逻辑函数用于构造复杂的筛选器函数的条件，也可以用于进行条件分支计算。AND、OR、NOT 等函数比较容易理解，表 7-10 仅对比较重要的逻辑函数做简单介绍。

表 7-10　　　　　　　　　　　　　逻辑函数

函数	解释	可能的应用场景
IF(<logical_test>,<value_if_true>[, <value_if_false>])	如果<logical_test>条件为真，则返回参数<value_if_true>的值，否则返回参数<value_if_false>的值	生成计算列，如用销售业绩决定提成
IFERROR(value, value_if_error)	保护性表达式求值，如果参数<value>求值的结果出错，则返回参数<value_if_error>的值，否则返回参数<value>求值的结果	在可能包含错误数据的情况下进行计算
SWITCH(<expression>, <value>, <result>[, <value>, <result>]…[, <else>])	多分支表达式求值，不过这里的条件<value>要是常量，而不能是逻辑表达式	将整数形式的月份转换为英文名称形式

9. 信息函数

信息函数用于检查表格中数据的类型或者内容，ISBLANK、ISNUMBER、ISTEXT、ISEVEN 等函数的作用根据它们的名称比较容易理解，表 7-11 仅对比较重要的信息函数做简单介绍。

表 7-11　　　　　　　　　　　　　信息函数

函数	解释	可能的应用场景
HASONEVALUE(<columnName>)	检查作为参数的列是否被筛选器使用并且筛选后只有一个值	在筛选器上下文中进行 DAX 计算时，根据筛选后是否只剩下一个值来采取不同的计算方法
ISERROR(<value>)	检查要求值的表达式是否包含错误	可以作为 IF 函数的第一个参数

10. 表操作函数

表操作函数用于表对象计算，表 7-12 仅对比较重要的表操作函数做简单介绍。

表 7-12　　　　　　　　　　　　　　其他函数

函数	解释	可能的应用场景
ADDCOLUMNS(<table>, <name>,<expression>[, <name>, <expression>]…)	为第一个参数指定的表<table>添加计算列<name>，计算列的选择由<expression>参数指定	增加用于辅助数据分析的新属性列，甚至可以仅通过增加属性列来构建计算表
CONVERT(<Expression>, <Datatype>)	强制转换数据类型	将日期型数据转换为整型数据
DATATABLE(ColumnName1, DataType1,ColumnName2, DataType2...,{{Value1,Value2...}, {ValueN, ValueN+1...}...})	通过为每行数据指定列名、列数据类型和具体的内联形式来构建数据表对象	创建数据固定的临时表
{<scalarExpr1>,<scalarExpr2>, … } {(<scalarExpr1>,<scalarExpr2>,…), (<scalarExpr1>, <scalarExpr2>, …), … }	这称为表构造函数，由一对花括号括起来的是数据表的各行数据。列名由系统自动指定，列数据类型由系统根据行数据隐式推导得到	创建数据固定的临时表
EXCEPT(<table_expression1>, <table_expression2>	实现两个结构相同的表的差运算，返回在第一张表中出现但不在第二张表中出现的数据	判断哪些商品老年人喜欢买，但年轻人不喜欢买
INTERSECT(<table_expression1>, <table_expression2>)	实现两个结构相同的表的交运算，返回同时在两张表中出现的数据	判断同时买两种不同商品的顾客有哪些
UNION(<table_expression1>, <table_expression2> [,<table_expression>]…)	实现两个结构相同的表的并运算，将两张表合并为一张表	将两张不同地区的销售表合并为一张表
ROW(<name>, <expression>[[,<name>, <expression>]…])	返回一个具有单行数据的表，该行每个值的属性名和计算方法由后续的参数<name>和<expression>决定	为数据表生成针对所有行的统计结果，如总额、均额、数量、最大值、最小值、中位数等
SUMMARIZE(<table>, <groupBy_columnName>[, <groupBy_columnName>]…[, <name>, <expression>]…)	非常重要的分组统计函数	类似于 SQL 中的分组统计查询和 Excel 中的数据透视表的作用

练习

1．为一家奶茶店创建两个计算表，一个是产品表，包括产品 ID、产品名称和产品价格3 列；另一个是销售表，包括产品名称、销售日期、销售量 3 列，列中的数据可以自己添加。

2．基于练习的数据表，创建一个计算产品销售总额的度量值。

3．基于练习的数据表，为销售表创建一个计算列，计算每个交易日期对应的是星期几。

第 **8** 章 数据分析基础

Power BI Desktop 通过 Power Pivot 核心组件提供了强大而又方便的数据建模分析功能，各类公司或机构的各级员工经过学习以后，一般都能够完成和各自岗位相关的基本数据分析任务。通常而言，Power BI 中的数据模型是指基于数据表集合、数据表之间的关系，通过构造分析目标导向的度量方法，再结合可视化技术构建的逻辑对象。其目标是使用户能够方便地对数据集进行探索、计算、查询和可视化，从而更好地理解数据背后的因果关系和逻辑规律，进而用数据指导决策。其中作为基础的数据表用于对数据进行存储和管理，而建立表之间的关系是为了更好和更方便地对数据进行提取和计算，从而得到分析时需要的度量数据。

本章介绍使用 Power Pivot 进行数据分析的基础知识，从对数据进行存储和表示的关系模型开始，逐步过渡到数据分析的核心概念——数据筛选和计算，并介绍 DAX 语言中最基础也最重要的一些函数，最后给出一个数据分析的基础案例。

8.1 数据分析的基本思想

8.1.1 Power Pivot 中的数据表示模型——关系模型

在做数据建模分析之前，需要先完成数据的结构化，即将数据整理成二维表形式。一个二维表通常包含了若干行和若干列数据，每列数据具有相同的类型，表示将现实世界中某一类对象抽象后得到的一个属性，而二维表中所有列的名称和每列的数据类型构成了表的结构。二维表中的每一行数据表示现实世界中的一个对象，每个数据行中的每列字段值就是该行所表示的现实世界对象的一个属性值。

将需要做数据建模分析的所有数据都集成到一个二维表中时，可能会面临很多问题。例如，表中的所有列数据不属于现实世界中同一个对象的抽象属性，存储数据时会有大量冗余，插入或删除数据时会造成数据异常等。因此，现有的数据处理系统通常使用关系数据库存储和管理数据。关系数据库中根据不同对象的抽象结果，将数据分成若干个独立存储，但又可以通过相同属性列联系起来的二维表。在做数据分析时，先用关系数据库查询语言 SQL 编写代码，将分散在不同数据表中的数据关联起来并提取到一个二维表中，再基于这个二维表进行数据建模分析。

Power BI Desktop 也采用关系模型存储数据，先对问题进行分析并对问题域中的客观对象进行抽象，再使用不同的数据表表示不同的对象。例如，在分析二手房交易价格时，抽象出二手房、地铁站、小区等客观对象，每种对象都有其自身的一些属性数据，分别用一个单独的二维表存储这些数据。在 Power BI Desktop 中为建模分析准备数据时，不需要编写 SQL 代码来提取数据，而是通过设置数据表之间的联系，实现建模分析过程中数据的自动关联提取，以及数据表之间在数据筛选时的影响。

1．关系的基本概念

在 Power BI Desktop 中，关系是指数据表之间的逻辑联系，这些逻辑联系抽象自数据表所代表的现实世界中的客观对象。

从形式上说，关系是通过两个表中具有相同意义的列构建的，通常分属两个表的两个列具有相同的名称和数据类型。例如，二手房数据表有一个"地铁站编号"列，而地铁站数据表中也有一个"地铁站编号"列，通过"地铁站编号"列可以建立二手房数据表和地铁站数据表之间的关系。

从作用上说，通过关系可以将两个表中的数据行关联起来，从而将分属于两个表中的数据行合并为包含两个对象各自属性的一个数据行。例如，对于二手房数据表中的每个数据行，可以根据"地铁站编号"列的值，在地铁站数据表中查找具有相同地铁站编号值的数据行，然后将两个数据行合并为一个数据行，其中包括"二手房"列的属性值和与之相关的地铁站的属性值。

从设置的内容上说，关系包括"基数"和"筛选方向"两种。

基数是指已建立关系的两个表中每个数据行所代表的对象之间的数量对应关系，主要有以下 3 种类型的基数，如表 8-1 所示（为表述方便，将两个表分别称为左表和右表以示区别）。

表 8-1　基数类型

关系的基数类型	含义	示例
1 对 1（1:1）	左表中的一个数据行，在右表中有唯一的数据行与之具有相同的关系列字段值，反之也是一样。这表示两个表中数据行所代表的对象有一一对应的关系	房屋表和电量设备表之间是一对一关系。因为一间房屋只有一个电量设备，而一个电量设备只能用于一间房屋
1 对多（1:n）	左表中的一个数据行，在右表中有多个数据行与之具有相同的关系列字段值；而右表中的一个数据行，在左表中只有唯一的数据行与之有相同的关系列字段值	二手房表和小区表之间是一对多关系。因为一套二手房只能属于一个小区，而一个小区可以包括多套二手房
多对多（n:m）	左表中的一个数据行，在右表中有多个数据行与之具有相同的关系列字段值；而右表中的一个数据行，在左表中也有多个数据行与之具有相同的关系列字段值	小区表和地铁站表之间是多对多关系。因为一个小区附近可以有多个地铁站，而一个地铁站附近也可以有多个小区

筛选方向表示在两个表之间建立关系以后，是只能以一个表为基础，对另一个表中的数据进行筛选，还是两个表都可以作为基础，对另一个表中的数据进行筛选，主要有两种类型的筛选方向，如表 8-2 所示。

表 8-2　　　　　　　　　　　　　　　　筛选方向类型

关系的筛选方向	含义	示例
单向	假设筛选方向是从左表到右表，在对左表的数据进行筛选时，会以筛选后的数据作为条件，依照关系对右表的数据进行筛选；反过来，当对右表的数据进行筛选时，不会根据筛选结果对左表的数据进行任何筛选	假设从地铁站表到二手房表是单向的关系，当对地铁站表的数据进行筛选时，会根据筛选后的地铁站信息对二手房表的数据进行筛选，得到符合条件的地铁站附近的二手房。反之，当对二手房表的数据进行筛选，例如，仅选择一套二手房时，对地铁站表仍然使用所有数据行，而不会仅留下该二手房附近的地铁站
双向	无论对哪个表的数据进行筛选，都会以筛选后的数据作为条件，依照关系对另一个表的数据进行筛选	假设从地铁站表到二手房表是双向的关系，则对地铁站表的数据进行筛选时，也会根据关系对二手房表的数据进行筛选，最后得到的是满足条件的地铁站及其附近的二手房信息。而对二手房表的数据进行筛选时，也会根据关系对地铁站表的数据进行筛选，最后得到的是满足条件的二手房及这些二手房附近的地铁站信息

2．自动生成关系

Power Pivot 可以根据数据表的列字段自动检测并生成数据表之间的关系。

例如，当前二手房数据库中有 4 个表：二手房信息表 house、地铁站信息表 metrostation-gb、小区信息表 block，以及小区与地铁站的距离信息表 distance_metroblock。切换到 Power BI Desktop 的"模型"视图后，可查看这些数据表的列字段信息，如图 8-1 所示。

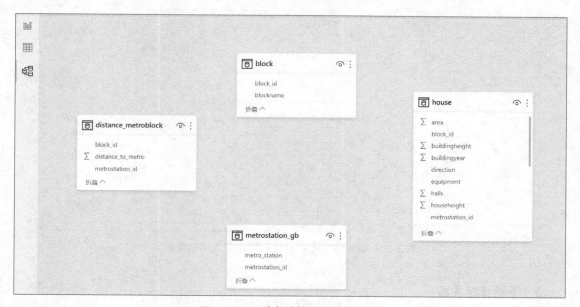

图 8-1　二手房数据库中的数据表

这时若单击 Power BI Desktop "数据"视图下"主页"选项卡中的"管理关系"按钮（见图 8-2），在弹出的"管理关系"对话框中单击"自动检测关系"按钮，则 Power Pivot 会根据这 4 个数据表的列字段自动检测并生成这些数据表之间的关系，从而将这 4 个数据表关联起来，如图 8-3 所示。

图 8-2 "主页"选项卡

当接受 Power Pivot 自动检测到的关系后，在"模型"视图中可以看到在 4 个数据表之间出现了带有基数类型标记符号和筛选方向箭头的关系连接线，如图 8-4 所示。关系连接线"1 ——→—— *"中的"1"和"*"表示"1 对多"基数关系，单向箭头表示筛选方向为单向。例如，metrostation-gb 表和 house 表之间是"1 对多"关系（一套二手房通常仅和离得最近的地铁站关联，而一个地铁站附近可以有多套二手房），并且 metrostation-gb 表和 house 表之间是单向筛选关系。

图 8-3 Power Pivot 自动检测数据表之间的关系

3. 手动管理关系

如果 Power Pivot 自动检测并生成的数据表之间的关系不是数据表之间的真正逻辑联系，则可以通过手动的方式进一步对数据表之间的关系进行管理，包括关系的删除、添加和编辑等。

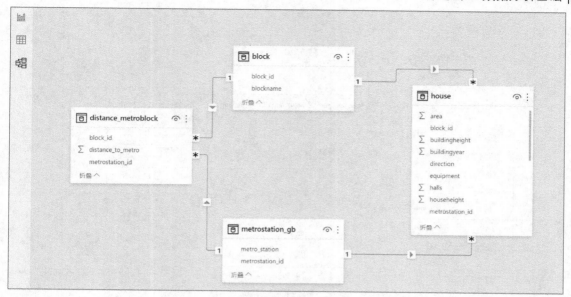

图 8-4 二手房数据库中各数据表之间的关系

关系的删除、添加和编辑，可以单击图 8-3 所示的"管理关系"对话框中的相应按钮实现，也可以直接对"模型"视图中两个数据表之间的关系连接线做相应的操作。例如，选中某条关系连接线后直接按 Delete 键，或者在该关系连接线上单击鼠标右键，在弹出的菜单中选择"删除"选项（见图 8-5），就可以删除该关系。

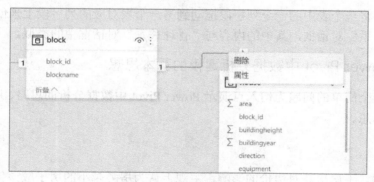

图 8-5 删除关系

对关系进行管理和编辑还可以单击图 8-3 所示的"管理关系"对话框中的"编辑"按钮，或在图 8-5 所示的右键菜单中选择"属性"选项弹出"编辑关系"对话框实现，如图 8-6 所示。在"编辑关系"对话框中可以设置构建关系的数据表及其列字段、关系的基数类型及关系的交叉筛选器方向，此外，还可以设置此关系是否可用（不可用的关系无法关联两个数据表）。根据建模的需要，在计算的不同时刻可以让一个关系可用或者不可用，具体方法参见后续章节的案例。

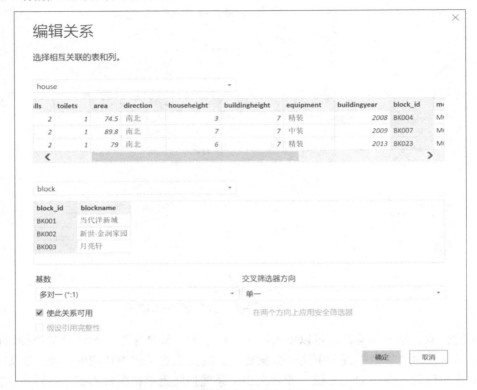

图 8-6 "编辑关系"对话框

还可以直接将一个表中的一个列字段拖动到另一个表对应的列字段上来创建关系，此时会出现"创建关系"对话框，其中的内容与"管理关系"对话框中的类似。

8.1.2 Power Pivot 中数据分析建模的基本思想

本小节以一个简单的问题为切入点演示 Power Pivot 中数据分析的思路、过程，并介绍其中蕴含的基本思想。

1. 问题

假设想了解二手房房龄对房价的影响，主观上认为房龄越小的房子应该售价越高，那么数据分析的结果是否可以验证我们的猜想是正确的呢？

我们可以以某个年份（如 2010 年）为分界线来区分房龄的大小，然后分别计算二手房每平方米均价、2010 年及之后的每平方米均价，以及 2010 年之前的每平方米均价并进行对比。

二手房每平方米均价可以通过建立度量值的方式进行计算（在第 7 章中已经介绍过）。

每平方米均价 = AVERAGE(house[unit_price])

从度量值的计算方法中可以知道，这是对所有二手房的每平方米均价属性做算术平均值运算得到的，而对以 2010 年为分界线的新房和旧房的每平方米均价的计算则需要对数据进行筛选，然后在满足新房或旧房条件的二手房数据集上计算每平方米均价属性的算术平均值。为了完成这个任务，需要学习 DAX 语言中一个非常重要的基础性函数——CALCULATE 函数。

2．CALCULATE 函数

CALCULATE 函数在筛选器函数对数据做过筛选的基础上，对数据进行指定的聚合计算。该函数是 DAX 语言的精髓所在，几乎所有的 DAX 数据建模分析中都有 CALCULATE 函数的身影。

CALCULATE 函数的原型如下。

```
CALCULATE(<expression>[,<filter1>[,<filter2>[,…]]])
```

其中第一个参数<expression>是对数据进行聚合计算的表达式，不可省略。该 DAX 表达式包含引用的表对象或列属性，根据情况可以是隐式限定名或显式限定名，当然这里的 DAX 表达式也可以是一个已经定义好的度量值。

除了第一个参数外的其他参数是对要计算的数据进行筛选的筛选器函数，筛选器函数可以没有，也可以有多个，每一个筛选器函数在前一个筛选器函数对数据做过筛选以后的数据集上进一步筛选。

3．具体实现

（1）创建度量值。

可以使用 CALCULATE 函数建立两个用于分析新旧二手房每平方米均价的度量值。

计算房龄小（比较新）的二手房每平方米均价的度量值的定义如下。

```
2010 年及之后每平方米均价 = CALCULATE(AVERAGE(house[unit_price]),house[buildingyear]
>=2010)
```

在这里，CALCULATE 函数的第一个参数表示对 house 表的 unit_price 属性列进行求平均值的聚合计算；第二个参数 house[buildingyear]>=2010 是对 house 表中参与计算的行进行筛选的一个逻辑条件，即只有 buildingyear 属性值大于等于 2010 的行才会被保留下来参与求平均值的计算。

注意这里的"AVERAGE(house[unit_price])"其实就是度量值"每平方米均价"的定义公式，因此上述定义公式也可以写成：

```
2010 年及之后每平方米均价 = CALCULATE([每平方米均价],house[buildingyear]>=2010)
```

同理，计算房龄大（比较旧）的二手房每平方米均价的度量值的定义如下。

```
2010 年之前每平方米均价 = CALCULATE(AVERAGE(house[unit_price]),house[buildingyear]
<2010)
```

或者：

```
2010 年之前每平方米均价 = CALCULATE([每平方米均价],house[buildingyear]<2010)
```

使用已有的度量值来定义新的度量值是一种比较好的做法，原因如下。

- 这样使得 DAX 公式的可读性更好，比较容易理解。

- 如果有多个 DAX 公式引用同一个已经定义好的度量值，则修改之前的度量值只需要修改该度量值的定义。如果不这样做，一旦该度量值对应的子公式需要修改，则在引用了它的每一处地方都需要做到无遗漏地修改，例如，新旧二手房每平方米均价计算中都引用了度量值"AVERAGE(house[unit_price])"。

（2）度量值结合可视化对象进行数据分析。

用度量值定义了在指定的数据集上的计算后，还需要将计算结果以可视化的方式展示出来，以便从选定的角度对数据进行分析，从而得出符合逻辑的结论。

切换到"报表"视图，先在报表第 1 页中添加一个簇状柱形图（如图 8-7 中的步骤 1 所示），然后设置"每平方米均价""2010 年及之后每平方米均价""2010 年之前每平方米均价"3 个度量值为该簇状柱形图的"值"属性（如图 8-7 中的步骤 2 所示），得到图 8-7 所示报表第 1 页中簇状柱形图的可视化效果。通过对比发现，2010 年及之后的新房每平方米均价实际明显低于 2010 年之前的旧房，结论与猜想不符，因此房龄对房价的影响需要进一步分析。

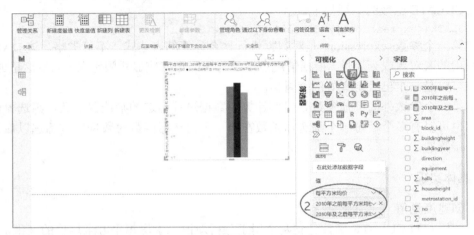

图 8-7 二手房每平方米均价的簇状柱形图

接下来分析不同装修程度对新旧二手房价格的影响。在报表第 2 页中再添加一个簇状柱形图，除了仿照第一个簇状柱形图设置"值"属性外，还将装修程度（equipment）设置到"轴"属性上（如图 8-8 中的步骤 1～步骤 3 所示）。根据可视化分析结果可知，只有毛坯房中新房的均价高于旧房，豪装房中新房与旧房的均价相近，其他情况下仍然是新房的均价要明显低于旧房的均价。

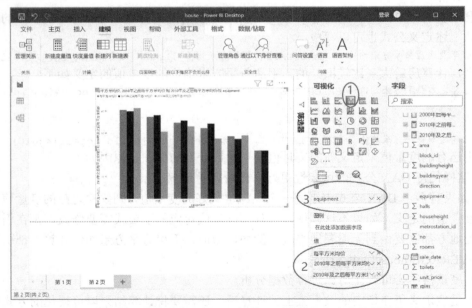

图 8-8 增加装修程度作为"轴"属性的二手房每平方米均价簇状柱形图

4．数据建模

数据分析的目的是理解数据蕴含的现实世界中各种事物之间的关系和规律，进而用数据帮助或指导决策行为。例如，对企业经营数据进行分析是为了弄清楚企业的经营现状，明白制约企业发展的因素和改善企业经营状况的关键因素，从而可以做出有针对性的决策，优化企业的管理方案。再例如，通过对二手房交易数据进行分析，可以了解影响二手房价格的关键因素，也可以预测二手房价格的变化趋势，进而帮助国家制定房地产方面的政策，也有利于普通百姓制订自己的购房计划并合理购买适合自己的二手房。

数据分析需要以分析目标为指导。分析人员通过对数据的探索和研究，建立合适的分析模型，将数据导入模型进行计算，从而得到最终的分析结果，并根据分析结果得出符合逻辑的结论。数据建模就是要确定分析的目标量化指标，以及与目标量化指标相关的变量因素，通过构建目标量化指标和变量因素之间的数学关系模型研究变量因素是如何影响目标量化指标的。因此，数据建模的主要工作包括：

（1）确定目标量化指标；

（2）确定可能的变量因素；

（3）构建目标量化指标和变量因素之间的数学关系模型，从而研究变量因素和目标量化指标之间的关系；

（4）基于数据进行数学模型计算，根据计算结果得出有意义的、符合逻辑的结论。

可以从不同的维度尝试和确定变量因素。既可以从时间维度研究目标量化指标随时间变化的规律，也可以从空间维度研究目标量化指标在同一时间段内受哪些空间因素的影响。例如，研究二手房价格和二手房与地铁站的距离、装修程度、房龄等不同因素之间的关系。

在确定变量因素后，可以通过不同方法构造数学模型。Power BI 的目标是让每个人都可以做数据分析师，因此用 Power BI 既可以建立不需要太多理论基础的简单的统计或数学计算对比模型和相关分析模型，也可以建立复杂一些的关联分析模型等。除此之外，对于需要有较为深厚的统计学和机器学习理论基础的数学模型，如分类模型、聚类模型等，Power BI 以内置功能组件的方式提供，但对模型的使用者仍然有较高的理论基础要求。

8.1.3　数据分析核心概念 1——数据筛选

在数据分析中，上下文环境是指可以量化的度量指标值的计算所基于的数据，这些数据通常并不是数据表中的所有数据，而是根据 DAX 公式所引用的数据表和相关字段、所使用的筛选器函数及可视化对象所设计的筛选器综合筛选得到的数据。如果希望熟练使用 Power Pivot 进行数据分析，第一步就是理解 DAX 计算的上下文概念，即数据筛选的基本原理。为了达到这个目标，需要从两个方向努力：一是从数据建模分析的角度自上而下地掌握构建量化指标的方法，明确这些指标是为了达到什么分析目标而构建的，基于的数据是如何得到的；二是理解如何在 Power Pivot 中分析量化指标，包括数据分析的筛选器上下文如何构造，以及如何对基于筛选得到的数据进行计算。本章主要介绍 Power Pivot 中数据筛选的构造和在此基础上进行计算的基本原理。

在 Power Pivot 中使用 DAX 公式进行数据分析时，量化指标总是基于数据表中的数据，根据指定的计算方式计算得到，要么是引用数据表中当前行的数据，要么是引用数据表中的某些列进行聚合；而对所使用的那些数据行，还需要基于不同筛选器层层筛选。为了明确所使用的数据来源，需要了解两个基本概念：行上下文和筛选器上下文。

1．行上下文

构造计算列时，对数据表中的一行数据进行计算，得到计算列在当前行的一个结果值，进而由每一行新得到的计算结果数据构成计算列。在这个过程中，将每一行计算列属性值的数据来源，也就是当前数据行，称为行上下文。

例如，7.2.2 小节在 house 表中构建的计算列"房型"的 DAX 公式为：

房型 = house[rooms] & "房" & house[halls] & "厅" & house[toilets] & "卫"

"房型"列中每一行的数据值是由当前行的房间数量列 rooms、客厅数量列 halls 和卫生间数量列 toilets 的数据从数值型数据转换成文本型数据后，再与"房""厅""卫"等文本常量进行文本连接运算得到的，该计算的上下文环境就是当前数据行（例如，图 8-9 所示的 house 表中一个数据行所体现的就是"房型"计算的行上下文）。

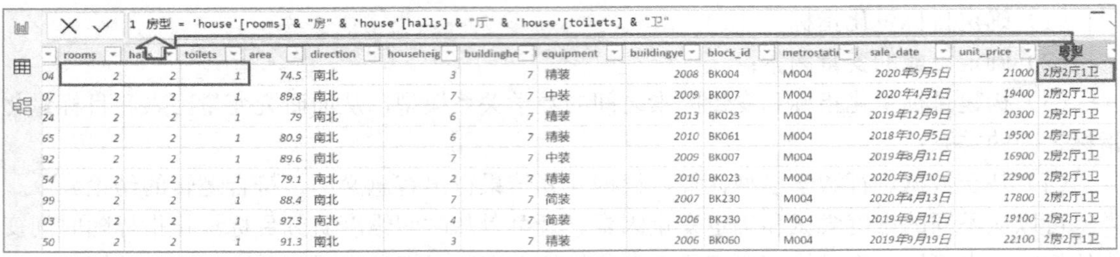

图 8-9 "房型"计算的行上下文

再例如，可以将 house 表每一行数据中的每平方米单价列 unit_price 和房屋面积列 area 的数据相乘，为 house 表构建"总房价"计算列用于后续的分析，其 DAX 公式如下。

总房价 = house[unit_price]*house[area]

这里每一套房屋的总房价都是依据其所在数据表当前行的数据计算得到的，如图 8-10 所示。

图 8-10 "总房价"计算的行上下文

2．筛选器上下文

行上下文主要解决数据表中每一行中新增数据的计算来源问题，但不论是原始的数据列，还是新增的计算列，它们都是作为最终数据分析的基础存在的。当根据设置好的目标进行数据分析时，通常会依据不同的维度对数据进行横向（数据行）和纵向（数据列属性）的筛选，再对筛选后的数据进行聚合计算，得到分析指标值。我们将施加在参与分析的数据上的完整筛选条件称为筛选器上下文。在 Power Pivot 中，筛选器上下文可以由 DAX 公式中的一个或多个筛选器函数、可视化对象中的筛选器及可视化对象自身的属性值通过依次实施的多层筛选操作实现，如图 8-11 所示。

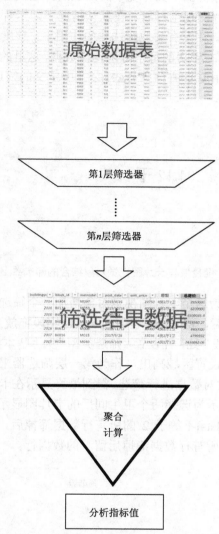

图 8-11　基于筛选器上下文构造的数据度量分析原理

下面以 8.1.2 小节中的度量值 "2010 年及之后每平方米均价" 在簇状柱形图中的应用为例，介绍计算依据的筛选器上下文。

```
House[2010 年及之后每平方米均价] = CALCULATE(AVERAGE(house[unit_price]),house
[buildingyear]>=2010)
```

该度量值的 DAX 公式中给出了所使用的数据表及其字段，即 house 表中的 unit_price 字段。而筛选器函数 "house[buildingyear]>=2010" 定义了对原始数据的第一次筛选，即在 house 表中筛选出 buildingyear 字段的值大于等于 2010 的数据行作为计算该度量值的数据来源，即 DAX 公式定义决定的筛选器上下文。

度量值只有在和具体的可视化对象结合起来应用于分析过程中时，才会被实际计算。因此，接下来将度量值"2010年及之后每平方米均价"应用到3种不同的可视化对象中，以说明筛选器上下文是如何结合分析上下文环境中的筛选条件逐步得到的。

先将该度量值应用到卡片图视觉对象。在默认情况下，卡片图只需要设置"值"字段属性，最终效果如图 8-12 所示。在没有其他筛选器的作用下，该度量值与卡片图一起给出了数据表中所有 2010 年及之后的二手房的每平方米均价数据，这里的平均值计算函数 AVERAGE 所基于的筛选器上下文就是由度量值自身 DAX 公式中定义的筛选器函数决定的。

图 8-12　度量值与卡片图视觉对象结合的筛选器上下文案例

若在"筛选器"窗格中为这个卡片图视觉对象增加一个筛选器，例如，将卫生间数量设置为筛选字段（选中卡片图后，将 house 表中的 toilets 字段拖放到"此视觉对象上的筛选器"下方的"在此处添加数据字段"处，并设置"筛选类型"为"基本筛选"），则 house 表中 toilets 字段的不同取值将在筛选器设置区域列出，作为第一层筛选器来对数据进行筛选；然后基于 DAX 公式自带的筛选器函数对数据进行筛选，得到最终显示在卡片图中的度量值计算所依据的筛选器上下文。图 8-13 所示为选择两个卫生间后的卡片图显示效果，这里 AVERAGE 函数所基于的数据是将 house[toilets]不等于 2 的所有行数据筛掉后，再根据度量值 DAX 公式将 house[buildingyear]< 2010 的所有行数据筛掉后留下的数据行。

图 8-13　度量值与卡片图视觉对象结合，再加上视觉对象的筛选器上下文案例

　　然后将该度量值应用到柱形图视觉对象。将 equipment 设置为柱形图的横轴字段后，柱形图上便显示出 2010 年及之后的二手房根据不同装修程度分类的每平方米均价数据（见图 8-14），沿横轴展开的每个柱形所代表的数值实际上都是根据分类轴字段 equipment 的值又对数据行进行了一次分类统计。例如，"豪装"对应的柱形数值"41 千"是将满足筛选条件"[equipment]="豪装""的数据行留下，再根据 DAX 公式中定义的筛选条件 house[buildingyear]>=2010 对数据做进一步筛选，最后对这些筛选后得到的数据行中的 unit_price 字段求平均值得到的。在本次应用中，除了 DAX 公式外，还依据横轴字段对数据进行了筛选。

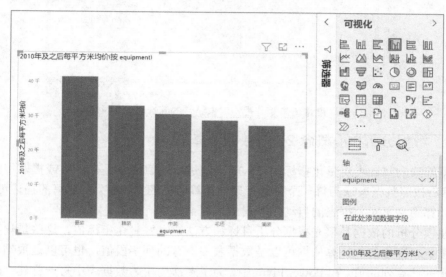

图 8-14　度量值与柱形图视觉对象结合的筛选器上下文案例

　　最后，将该度量值应用到矩阵视觉对象。将该度量值设置为矩阵的"值"字段，将 equipment 字段设置为矩阵的"列"字段，将"房型"设置为矩阵的"行"字段后，可以得到每种房型不同装修程度的每平方米均价数据（见图 8-15），并且在行和列方向上还有汇总计算结果（按行计算每种房型所有装修程度的每平方米均价数据，以及按列计算每种装修程度所有房型的每平方米均价数据）。

　　该矩阵对象中的每个数值都是由矩阵的行和列筛选器函数、DAX 公式中的筛选器函数共同构造的筛选器上下文对 house 表中的数据做筛选后得到的数据计算而来的。例如，房型为"3 房 2 厅 2 卫"，装修程度为"精装"的每平方米均价就是按照矩阵的行筛选器函数"house[equipment]='精装'"和列筛选器函数"house[房型]='3 房 2 厅 2 卫'"对 house 表进行筛选，再根据 DAX 公式中的筛选条件 house[buildingyear]>=2010 对数据做进一步筛选，用筛选后得到的数据行对 unit_price 字段求平均值得到的。

　　当然，在将度量值和柱形图及矩阵结合进行分析时，仍然可以使用可视化对象所属的筛选器继续对数据行进行筛选，方法与将度量值和卡片对象结合案例中的一样。在此基础上，还可以应用报表页所属的筛选器进一步筛选数据，报表页所属的筛选器对象对该报表页中的所有可视化对象都起作用。

图 8-15　度量值与矩阵视觉对象结合的筛选器上下文案例

8.1.4　数据分析核心概念 2——数据计算

在数据筛选的基础上对量化指标的 DAX 公式进行计算通常是先产生或提取每行指定的字段值，然后按照数据表遍历每一个数据行聚合计算所需的指标值。从这里的描述可以看出，对数据的计算隐含了对数据表的自动循环遍历过程。

数据建模分析的依据是事先根据分析目标和方法定义好量化指标值。这些量化指标值通常是指度量值。度量值的计算依据可以是数据表中原有的列字段值，也可以是根据原有字段值计算得到的计算列的值。在 Power Pivot 中，为了多次引用为数据表中每一行建立的新属性值，通常可以为其建立命名的计算列。对于只使用一次的新属性列，则可以将其看作无名的计算列，在 DAX 公式中用表达式表示。

下面分别介绍基于数据表中原有列字段值的计算、基于计算列的计算和基于无名 DAX 表达式属性值的计算。

1. 基于数据表中原有列字段值的计算

在这种情况下，度量值的计算是遍历数据表中的每一个数据行，从中提取原有的列字段值完成聚合运算。典型的例子是 8.1.2 小节中"每平方米均价"度量值的计算，其实际含义如图 8-16 所示。

每平方米均价 = AVERAGE(house[unit_price])

图 8-16　基于数据表中原有列字段值的计算

2．基于计算列的计算

在这种情况下，度量值的计算是遍历数据表中的每一个数据行，根据计算列的定义，用原有列字段值计算得到计算列字段的值，最终完成对所有数据行计算列字段值的聚合运算。例如，计算所有二手房中"最高总房价"的度量值定义如下，其实际含义如图 8-17 所示。

```
最高总房价 = MAX(house[总房价])
```

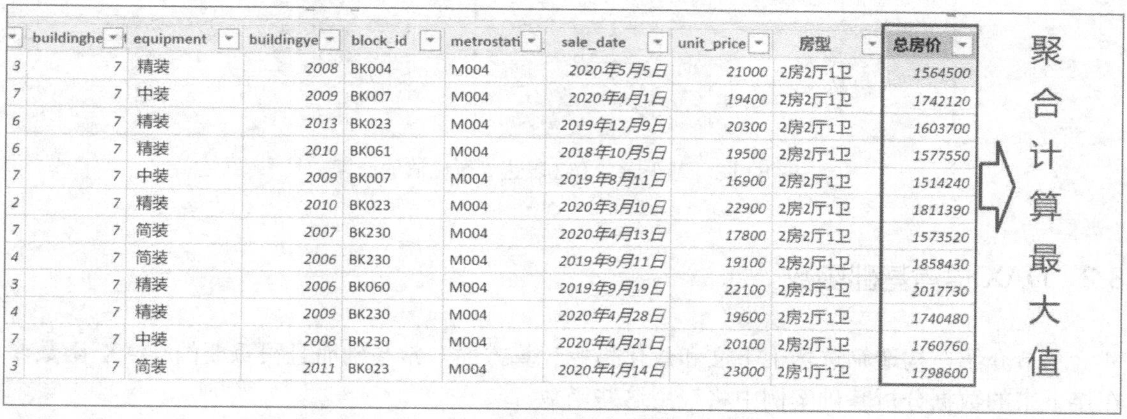

buildinghe	equipment	buildingye	block_id	metrostati	sale_date	unit_price	房型	总房价
3	7	精装	2008	BK004	M004	2020年5月5日	21000	2房2厅1卫	1564500
7	7	中装	2009	BK007	M004	2020年4月1日	19400	2房2厅1卫	1742120
6	7	精装	2013	BK023	M004	2019年12月9日	20300	2房2厅1卫	1603700
6	7	精装	2010	BK061	M004	2018年10月5日	19500	2房2厅1卫	1577550
7	7	中装	2009	BK007	M004	2019年8月11日	16900	2房2厅1卫	1514240
2	7	精装	2010	BK023	M004	2020年3月10日	22900	2房2厅1卫	1811390
7	7	简装	2007	BK230	M004	2020年4月13日	17800	2房2厅1卫	1573520
4	7	简装	2006	BK230	M004	2019年9月11日	19100	2房2厅1卫	1858430
3	7	精装	2006	BK060	M004	2019年9月19日	22100	2房2厅1卫	2017730
4	7	精装	2009	BK230	M004	2020年4月28日	19600	2房2厅1卫	1740480
7	7	中装	2008	BK230	M004	2020年4月21日	20100	2房2厅1卫	1760760
3	7	简装	2011	BK023	M004	2020年4月14日	23000	2房1厅1卫	1798600

聚合计算最大值

图 8-17 基于数据表中计算列的计算

3．基于无名 DAX 表达式属性值的计算

在这种情况下，度量值的计算是遍历数据表中的每一个数据行，根据指定的 DAX 表达式计算每一行的一个没有命名的属性的值，然后完成对所有数据行中新计算得到的无名属性值的聚合运算。例如，计算所有二手房中"平均销售房龄"的度量值定义如下，其实际含义如图 8-18 所示。

```
平均销售房龄 = AVERAGEX(HOUSE,YEAR(house[sale_date])-house[buildingyear])
```

AVERAGEX 函数的原型是：

```
AVERAGEX(<table>,<expression>)
```

其中第一个参数<table>是求值时基于的数据表，第二个参数<expression>是对<table>中的每一个数据行根据已有列属性值计算得到的一个新无名属性值的 DAX 表达式。该函数的功能是将参数<expression>应用到<table>的每一行数据计算得到新属性值上，然后对这个新属性值的所有数据行计算算术平均值。

例如，在"平均销售房龄"度量值中，用 YEAR(house[sale_date])得到二手房销售时的年份，再减去数据表中当前行二手房的建造年份，就得到了当前行二手房销售时的房龄属性值，然后用 AVERAGEX 函数对所有二手房的房龄数据求算术平均值，就得到了二手房平均销售房龄度量值。

```
1  平均销售房龄 = AVERAGEX(HOUSE,YEAR(house[sale_date])-house[buildingyear])
```

equipment	buildingye	block_id	metrostati	sale_date	unit_price	房型	总房价	销售时房
7 精装	2008	BK004	M004	2020年5月5日	21000	2房2厅1卫	1564500	12
7 中装	2009	BK007	M004	2020年4月1日	19400	2房2厅1卫	1742120	11
7 精装	2013	BK023	M004	2019年12月9日	20300	2房2厅1卫	1603700	6
7 精装	2010	BK061	M004	2018年10月5日	19500	2房2厅1卫	1577550	8
7 中装	2009	BK007	M004	2019年8月11日	16900	2房2厅1卫	1514240	10
7 精装	2010	BK023	M004	2020年3月10日	22900	2房2厅1卫	1811390	10
7 简装	2007	BK230	M004	2020年4月13日	17800	2房2厅1卫	1573520	13
7 简装	2006	BK230	M004	2019年9月11日	19100	2房2厅1卫	1858430	13
7 精装	2006	BK060	M004	2019年9月19日	22100	2房2厅1卫	2017730	13
7 精装	2009	BK230	M004	2020年4月28日	19600	2房2厅1卫	1740480	11

图 8-18　基于无名 DAX 表达式属性值的计算

8.2　DAX 语言基础函数

本节介绍在构造筛选器上下文和量化指标计算方面非常基础而且很重要的 DAX 函数，在接下来的数据分析基础案例中将应用这些函数。

8.2.1　控制流/逻辑函数

在对数据进行计算的过程中，基本的执行结构包括顺序、分支和循环。循环结构在 Power BI 中是通过计算函数对数据表的每一行迭代进行计算，从而隐式实现的。而在迭代过程中，对每一行的计算可能需要根据不同的条件得到不同的结果，这是分支结构的任务。Power BI 提供了逻辑函数 NOT、AND 和 OR 来实现逻辑非、逻辑与和逻辑或运算，可以用于构造逻辑条件。同时 Power BI 提供了 IF 函数和 SWITCH 函数，可以实现分支控制结构。

1．IF 函数

IF 函数根据一个逻辑条件进行分支计算，其函数原型如下。

```
IF(<logical_test>, <value_if_true>[, <value_if_false>])
```

<logical_test>是一个逻辑表达式，通常构造可以包含数据表中计算条件对应的数据列。<logical_test>值为真时，IF 函数返回<value_if_true>的值作为函数值；<logical_test>为假时，如果提供了<value_if_false>，则 IF 函数返回<value_if_false>的值作为函数值，否则返回空白值。例如，根据房价数值给房屋划分级别，假如将每平方米均价在 30000 元以上的房屋作为高价房，小于等于 30000 元的房屋作为非高价房（这里仅作举例，判断房价高低涉及的因素很多，读者可以自己建模），可以使用 IF 函数构造如下计算列。

```
priceclass = if(house[unit_price]<=30000,"非高价房","高价房")
```

2．SWITCH 函数

SWITCH 函数可以通过一个表达式与预设的多个常量值的匹配比较来实现多分支计算，其函数原型如下。

```
SWITCH(<expression>, <value>, <result>[, <value>, <result>]…[, <else>])
```

其中第一个参数<expression>是标量表达式；后面的参数"<value>, <result>"成对出现，并且至少出现一对；参数<value>可以是常量，也可以是一个标量表达式。SWITCH 函数计算参数<expression>的值，并依次与每个<value>的值比较，当<expression>的值与某个<value>的值相等时，与参数<value>成对的<result>的值将作为最终的函数值。如果<expression>的值与给出的每一个<value>的值都不匹配，则最后还可以提供一个可选的<else>表达式作为最终的函数值；如果<expression>的值与给出的每一个<value>的值都不匹配且没有提供<else>表达式，则最终的函数值为空白值。

在编写 SWITCH 函数表示分支计算时，<expression>和<value>的值有以下两种构造方法。

（1）<expression>根据数据表的数据行中的数据计算<expression>并返回一个标量值，后续的每个<value>都是常量，表示<expression>可能的取值情况，<else>表达式对应的是除了给出的<value>值之外的取值可能。例如，根据面积划分二手房的面积类别，规定了 4 个面积类别，即"小于 100 平方米""[100,200]""[200,300]""大于 300 平方米"，根据 house 表的 area 列可以使用 SWITCH 函数构造如下计算列 Areaclass1。

```
Areaclass1 = SWITCH(INT(house[area]/100),
    0, "面积小于 100",
    1,"面积[100,200]",
    2,"面积[200,300]",
    "面积大于 300")
```

（2）将参数<expression>设置为表达式"true()"，即始终返回 true，后续的每个参数<value>都可以构造判断数据表的数据行中数据所属范围的逻辑表达式。这种构造的含义是：如果某个<value>逻辑表达式所表达的逻辑条件为真，则函数值是与之配对的<result>表达式，<else>表达式对应的是所有<value>都为假时的取值。这种构造方式需要注意<value>逻辑表达式的书写顺序，因为<expression>按照书写顺序依次与每个<value>匹配，第一个为真的<value>表达式的函数匹配成功则完成计算，因此通常第二个<value>蕴含着第一个<value>为假而第二个<value>为真的含义。例如，上述计算面积类别的 SWITCH 函数也可以这样表达：

```
Areaclass2 = SWITCH(true(),
    house[area]<100,"面积小于 100",
    house[area]<200,"面积[100,200]",
    house[area]<300,"面积[200,300]",
    "面积大于 300")
```

8.2.2　数据筛选基础函数

1．ALL 函数

ALL 函数的功能是清除施加在作为参数的表或表的列上的所有筛选器函数，从而返回所有数据行对应的数据，其原型如下。

```
ALL( [<table> | <column>[, <column>[, <column>[,…]]]] )
```

第一个参数<table>是要去除筛选器函数的数据表，后续的<column>参数是可选的，表示针对<table>表的哪些列去除筛选器函数，而未指定的列的筛选器函数仍然保留。ALL 函数的作用是为度量值的计算提供去除筛选器函数干扰后的全部数据行，因此通常不会单独使用，而是作为度量值计算函数的数据源参数使用。

例如，之前构造的计算二手房每平方米均价的度量值：

每平方米均价 = AVERAGE(house[unit_price])

根据前述筛选器上下文的原理，该度量值应用到可视化对象时，会受到各级筛选器函数的影响。现在我们再次构造计算二手房每平方米均价的度量值。

每平方米均价2 = CALCULATE(AVERAGE(house[unit_price]),ALL(house))

在这个度量值的计算中，ALL(house)参数的含义是删除作用在 house 表上的所有筛选器函数，返回 house 表的所有数据行作为 AVERAGE(house[unit_price])计算的上下文数据。分别使用"每平方米均价"和"每平方米均价 2"两个度量值构造柱形图可视化对象，还是使用 equipment 作为分类横轴，如图 8-19 所示。在左图中，"每平方米均价"根据横轴的值对数据进行筛选后，再应用度量值公式进行计算。而在右图中，虽然横轴的值会对数据进行筛选，但是 ALL 函数将这个筛选效果清除掉了，所以右图中不论 equipment 为何值，柱形图体现的数据都是对表中所有二手房的每平方米均价进行计算得到的平均值。

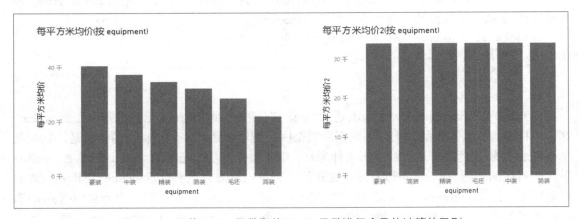

图 8-19　不使用 ALL 函数和使用 ALL 函数进行度量值计算的区别

ALL 函数常常用于将筛选后计算的度量值和基于所有数据计算的度量值进行对比的场景，其具体应用可以见 8.3 节。

2. ALLEXCEPT 函数

ALLEXCEPT 函数的作用是有选择地清除施加在数据表上的筛选器函数，其原型如下。

ALLEXCEPT(<table>,<column>[,<column>[,…]])

第一个参数<table>是要去除筛选器函数的数据表；后续的<column>参数表示仍然希望保留筛选器函数的那些列，也就是说，如果有筛选器函数是依据这些列设置的，则不会被清除掉，不在<column>参数指定列上的筛选器函数将全部被清除掉。

接着 ALL 函数中的例子，再定义第三个计算二手房每平方米均价的度量值，如下。

每平方米均价3 = CALCULATE(AVERAGE(house[unit_price]),ALLEXCEPT(house,house[equipment]))

这里 ALLEXCEPT(house,house[equipment])的作用是：除了在 house 表的 equipment 列上施加的筛选器函数外，清除施加在 houes 表上的其他所有筛选器函数。在此基础上得到的数据行作为 AVERAGE(house[unit_price])计算的数据源。下面分别用"每平方米均价""每平方米均价 2""每平方米均价 3" 3 个度量值构造 3 个矩阵对象，在每个矩阵对象中，都将"房型"设置为"行"字段，将 equipment 设置为"列"字段，如图 8-20 所示。图 8-20 中的上图是基于"每平方米均价"度量值构造的矩阵对象，由于按行（房型）和按列（equipment）对数据做了筛选，然后用 DAX 公式进行平均值计算，因此最终得到了不同房型和不同装修程度的二手房每平方米均价数据。左下图是基于"每平方米均价 2"度量值构造的矩阵对象，由于使用 ALL 函数清除了所有的筛选器函数，房型和装修程度对度量值计算的数据源无法起到筛选的作用，因此用度量值计算出来的每个值都是所有二手房的每平方米均价数据。右下图是基于"每平方米均价 3"度量值构造的矩阵对象，由于使用 ALLEXCEPT 函数保留了施加在 equipment 列上的筛选器函数而清除了 house 表其他列的筛选器函数，因此在进行度量值计算时，只有 equipment 列能够继续对数据源进行筛选；而施加在"房型"列上的房型筛选器被 ALLEXCEPT 函数清除掉了，对度量值的计算无法起到筛选数据的作用。

房型	豪装	简装	精装	毛坯	中装	简装	总计
1房1厅1卫	46,800.00	34,528.57	32,791.43	21,986.21	37,988.14		33,302.20
1房1厅2卫					60,100.00		47,100.00
1房2厅1卫		42,800.00	46,080.00	15,300.00	35,200.00		40,462.50
2房1厅1卫	39,600.00	36,078.10	38,932.17	28,440.63	39,063.81		37,611.37
2房1厅2卫		22,450.00	39,900.00				31,175.00
2房2厅1卫	31,112.50	25,950.41	31,033.83	26,063.74	34,889.83		30,323.09
2房2厅2卫		35,600.00	56,138.46		44,150.00		53,356.25
3房1厅1卫	40,775.00	36,644.83	41,133.95	25,850.00	40,456.00	22,000.00	38,676.92
3房1厅2卫		32,411.11	42,170.00	29,612.50	29,700.00		34,487.10
3房1厅3卫			24,700.00				24,700.00
3房2厅1卫	38,550.00	27,534.51	31,225.05	28,746.63	33,818.10		30,499.23
3房2厅2卫	45,194.12	29,496.05	37,390.79	30,199.22	33,201.54		34,576.95
3房3厅2卫			17,000.00				17,000.00
总计	40,601.49	32,296.26	34,758.06	28,609.60	37,437.62	22,000.00	34,009.20

房型	豪装	简装	精装	毛坯	中装	简装	总计
1房1厅1卫	009.20	34,009.20	34,009.20	34,009.20	34,009.20		34,009.20
1房1厅2卫			34,009.20		34,009.20		34,009.20
1房2厅1卫		34,009.20	34,009.20	34,009.20	34,009.20		34,009.20
2房1厅1卫	009.20	34,009.20	34,009.20	34,009.20	34,009.20		34,009.20
2房1厅2卫		34,009.20	34,009.20				34,009.20
2房2厅1卫	009.20	34,009.20	34,009.20	34,009.20	34,009.20		34,009.20
2房2厅2卫		34,009.20	34,009.20		34,009.20		34,009.20
3房1厅1卫	009.20	34,009.20	34,009.20	34,009.20	34,009.20	34,009.20	34,009.20
3房1厅2卫		34,009.20	34,009.20	34,009.20	34,009.20		34,009.20
3房1厅3卫			34,009.20				34,009.20
3房2厅1卫	009.20	34,009.20	34,009.20	34,009.20	34,009.20		34,009.20
3房2厅2卫		34,009.20	34,009.20	34,009.20	34,009.20		34,009.20
3房3厅2卫			34,009.20				34,009.20
4房1厅1卫		34,009.20	34,009.20	34,009.20	34,009.20		34,009.20
总计	09.20	34,009.20	34,009.20	34,009.20	34,009.20	34,009.20	34,009.20

房型	豪装	简装	精装	毛坯	中装	简装	总计
1房1厅1卫	40,601.49	32,296.26	34,758.06	28,609.60	37,437.62		34,009.20
1房1厅2卫					37,437.62		34,009.20
1房2厅1卫		32,296.26	34,758.06	28,609.60	37,437.62		34,009.20
2房1厅1卫	40,601.49	32,296.26	34,758.06	28,609.60	37,437.62		34,009.20
2房1厅2卫		32,296.26	34,758.06				34,009.20
2房2厅1卫	40,601.49	32,296.26	34,758.06	28,609.60	37,437.62		34,009.20
2房2厅2卫		32,296.26	34,758.06		37,437.62		34,009.20
3房1厅1卫	40,601.49	32,296.26	34,758.06	28,609.60	37,437.62	22,000.00	34,009.20
3房1厅2卫		32,296.26	34,758.06	28,609.60	37,437.62		34,009.20
3房1厅3卫			34,758.06				34,009.20
3房2厅1卫	40,601.49	32,296.26	34,758.06	28,609.60	37,437.62		34,009.20
3房2厅2卫			34,758.06				34,009.20
4房1厅1卫		32,296.26	34,758.06	28,609.60	37,437.62		34,009.20
总计	40,601.49	32,296.26	34,758.06	28,609.60	37,437.62	22,000.00	34,009.20

图 8-20 ALL 函数和 ALLEXCEPT 函数的应用效果对比

3. FILTER 函数

ALL 函数的作用是清除施加在数据表上的筛选器函数。FILTER 函数则与之相反，其作用是按照给定的筛选条件对指定的数据表进行筛选，返回筛选后的数据行。FILTER 函数和 ALL 函数的使用方法一样，一般不单独使用，而是作为数据源参数出现在计算函数中，其原型如下。

```
FILTER(<table>,<filter>)
```

第一个参数<table>是作为基础的数据表，第二个参数<filter>是施加在<table>表上的筛选器函数。

在 8.1.2 小节中创建了一个计算 2010 年及之后二手房每平方米均价的度量值，可以使用 FILTER 函数创建一个具有相同功能的度量值。

```
2010 年及之后每平方米均价 2 = CALCULATE(AVERAGE(house[unit_price]),FILTER(house,
house[buildingyear]>=2010))
```

将两个度量值都设置为柱形图视觉对象的"值"字段，以 equipment 为分类横轴，可以看到这两个度量值的计算结果完全一样，如图 8-21 所示。

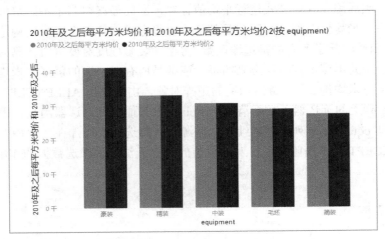

图 8-21　FILTER 函数的示例

FILTER 函数可以和 ALL 函数结合起来使用，从而保证忽略其他可能的筛选器函数，而对数据源表只应用 FILTER 函数指定的筛选条件。可以创建第三个计算 2010 年及之后二手房每平方米均价的度量值，如下。

2010 年及之后每平方米均价 3 = CALCULATE(AVERAGE(house[unit_price]),FILTER(all(house), house[buildingyear]>=2010))

将 3 个度量值都应用到柱形图对象中，如图 8-22 所示。度量值"2010 年及之后每平方米均价 3"由于先使用 ALL 函数清除掉外部筛选器函数，再应用 FILTER 函数指定的筛选条件，因此最终的计算结果不受横轴 equipment 的值的影响，全都是仅基于满足条件 house[buildingyear]>=2010 的数据行进行计算的结果。

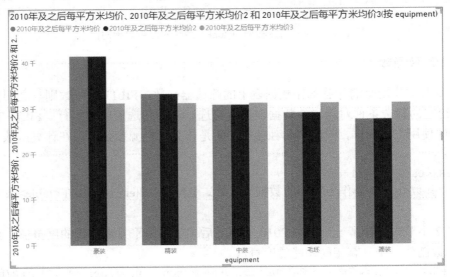

图 8-22　ALL 和 FILTER 函数的配合使用

8.2.3　数据统计/计算函数

对数据进行筛选后要做的工作是计算满足分析目标的指标值。本小节介绍数据分析中最基础的两类统计/计算函数。

1.　~与~X 系列统计/计算函数

在 DAX 的统计/计算函数中，有一个非常重要的模式是从数据表的每一行提取所需的数据，然后进行聚合计算。聚合计算的主要方法包括求和、求平均值、求最大值、求最小值等。提取数据时主要采取两种方式：①直接提取原有的列字段值；②根据每行数据的列字段值用定义好的表达式进行聚合计算，计算结果作为每行的无名列字段值。因此，DAX 库函数提供了逻辑上相关的若干组~/~X 函数，其中的 "~" 表示聚合计算方法，而添加了 "X" 的系列函数则表示将提供表达式计算无名列字段值并将其作为聚合计算的基础。这些函数包括 SUM/SUMX、AVERAGE/AVERAGEX、COUNT/COUNTX、COUNTA/COUNTAX、PRODUCT/PRODUCTX 等。

8.1.2 小节已经介绍了单独使用 AVERAGE 函数和作为 CALCULATE 函数的参数使用 AVERAGE 函数计算二手房每平方米均价的方法。8.1.4 小节又介绍了使用 AVERAGEX 函数根据 buildingyear 列字段值和库函数 YEAR 计算二手房平均销售房龄的方法。本小节以 COUNT/COUNTX 函数为例，进一步加深大家对这类统计/计算函数的理解，其他统计/计算函数的原理与此类似，读者可以查看 DAX 的官方文档轻松掌握其用法。

COUNT 函数用于对指定数据源表的列属性值进行统计计数，得到非空的列属性值的个数。例如，可用于人数、交易数量、物品数量等指标的计算，注意这里的数据源表只能是基础表。COUNT 函数的原型如下。

```
COUNT(<column>)
```

其中参数<column>是作为计数依据的列字段，要求这列的数据类型只能是数值类型、日期时间类型或者文本类型，而不能是逻辑类型。例如，基于 house 表构建统计成交的二手房数量的度量值如下。

```
二手房数量 = COUNT(house[no])
```

COUNTX 函数用于对数据源表中的每一行数据根据指定的表达式计算出一个值并做统计计数，统计结果为表达式值非空的个数，这个表达式计算结果的类型也不能是逻辑类型。COUNTX 函数的原型如下。

```
COUNTX(<table>,<expression>)
```

其中第一个参数<table>是计数基于的数据源表，可以是数据集表，也可以是 ALL 或者 FILTER 这样的函数返回的表；第二个参数<expression>是对每一个数据行进行计算的表达式，一般而言，该表达式会用数据源表中其他的列字段作为计算的依据。COUNTX 与 COUNT 函数的区别在于两点：一是 COUNTX 函数统计的依据可以是返回表的表达式，而 COUNT 函数只能针对基础表进行计数；二是 COUNT 函数只能针对表中原有的列字段进行计数，而 COUNTX 函数可以通过表达式构造无名计算列作为计数列的依据。例如，依据这两个区别构造达到相同目标的 "统计 2010 年及之后二手房的交易数量" 的度量值如下。

```
2010 年及之后二手房数量 1 = COUNTX(FILTER(house,house[buildingyear]>=2010),house[no])
2010 年及之后二手房数量 2 = COUNTX(house,if(house[buildingyear]>=2010,house[no],
BLANK()))
```

在度量值"2010 年及之后二手房数量 1"中，FILTER(house,house[buildingyear]>=2010)为计数提供的依据是根据条件 house[buildingyear]>=2010 对基础表 house 进行筛选后的数据行。而在度量值"2010 年及之后二手房数量 2"中，根据表达式 if(house[buildingyear]>=2010,house[no],BLANK())为基础表 house 构造了一个无名的计算列，满足建造年份在 2010 年之前条件的数据行对应的计算列属性的值为空，因此计数时不会被统计在内。用于统计二手房数量的 3 个度量值和柱形图对象结合后，可以分析得到所有二手房的交易数量，以及 2010 年及之后建造的二手房的交易数量，如图 8-23 所示。

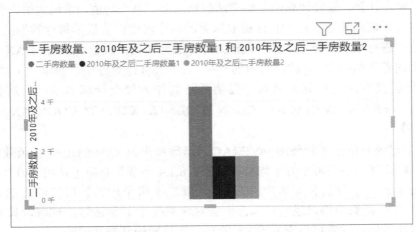

图 8-23　COUNT/COUNTX 函数在统计二手房交易数量中的应用

2. SUMMARIZE 函数

前述的统计/计算函数可以按照指定的列字段进行单独的一种统计计算。如果希望按照若干组列字段值的组合进行多种不同的统计计算，并将计算结果保存为一个汇总表（类似于 Excel 中的数据透视表），则可以使用 SUMMARIZE 函数，其原型如下。

```
SUMMARIZE(<table>, <groupBy_columnName>[, <groupBy_columnName>]…[, <name>,
<expression>]…)
```

其中第一个参数<table>表示数据源表，可以是基础表，也可以是通过函数或表达式得到的表；参数<groupBy_columnName>是根据需要出现的多组作为汇总分类依据的列名，这些列中的数据值会被无重复地提取出来并进行组合，每一种组合都必须存在于数据源表的某一个数据行中，从而可以作为后续的统计计算中对数据做筛选的条件；出现在最后的参数<name>和<expression>是多种不同的统计计算，每一种统计计算由表达式<expression>定义，最终会生成汇总表中的一个汇总列，列名由参数<name>定义。

SUMMARIZE 函数可以用于生成计算表，也可以作为其他函数中需要的数据源表参数。例如，下面用 SUMMARIZE 函数生成了一个按房型和装修程度分类统计二手房交易量和每平方米均价的汇总表，得到的"二手房统计信息表"如图 8-24 所示。

```
二手房统计信息表 = SUMMARIZE(house,
house[房型],house[equipment],
"交易量",count(house[no]),
"每平方米均价",average(house[unit_price]))
```

房型	equipment	交易量	每平方米均价
2房2厅1卫	精装	535	31033.8317757009
2房2厅1卫	毛坯	91	26063.7362637363
2房2厅1卫	中装	118	34889.8305084746
2房2厅1卫	简装	123	25950.406504065
2房2厅1卫	豪装	8	31112.5
2房1厅1卫	精装	401	38932.1695760599
2房1厅1卫	毛坯	64	28440.625
2房1厅1卫	中装	315	39063.8095238095
2房1厅1卫	简装	274	36078.102189781
2房1厅1卫	豪装	10	39600
3房2厅1卫	精装	455	31225.0549450549
3房2厅1卫	毛坯	193	28746.6321243523

图 8-24　基于 SUMMARIZE 函数生成的二手房统计信息表

8.3　数据分析基础案例

数据分析基础案例

8.1 节中构建的"每平方米均价"度量值如下。

`每平方米均价 = AVERAGE(house[unit_price])`

以这个度量值为基础又构建了以 2010 年为分界线的新房和旧房的每平方米均价度量值，并对比分析新房和旧房的每平方米均价，发现新房每平方米均价并没有像猜想的那样比旧房高。

本节继续对二手房数据进行基本分析，从不同的维度分析影响二手房每平方米均价的可能因素。采用的方法是基于房型、朝向、装修程度、所在楼层等空间因素的对比分析法，以及基于楼宇建造年份等时间因素的对比分析法，探索、分析和研究对二手房每平方米均价造成影响的可能因素。

房型、朝向、装修程度都是文本型数据，采用柱形图或条形图结合"每平方米均价"度量值进行对比；所在楼层和楼宇建造年份是数值型数据，采用折线图结合"每平方米均价"度量值进行对比。最终数据建模计算的可视化效果如图 8-25 所示。

从图 8-25 不难看出，按照二手房每平方米均价排序后，房型因素确实对二手房价格有影响，但是仅从房型维度对二手房每平方米均价建模难以得到准确结论。卫生间数量似乎起着比较重要的作用，而适合三口之家居住的 2 房 2 厅 2 卫、适合年轻人居住的 1 房 1 厅 2 卫和适合大家庭居住的 4 房 2 厅 3 卫价格比较高，也就是比较受欢迎，购房者宁愿花费较多也愿意购买这类二手房。因此以卫生间数量作为维度再次结合"每平方米均价"度量值建立对比模型，可以发现，除了较为少见的大户型的 4 个卫生间以外，普通的拥有 1~3 个卫生间的二手房确实是卫生间越多房价越高。

从朝向来看，朝向为南或者南北的二手房价格较低，需要进一步研究。

从装修程度看，基本符合大家的认知，装修得越好的二手房价格越高，因此装修程度显然是影响二手房价格的重要因素。

二手房所在楼层对房价的影响从折线图来看规律不明显，但是 1~10 层的低楼层二手房，楼层越低价格越高，30 层以上的二手房的价格变化较大，可以作为候选因素进一步研究。

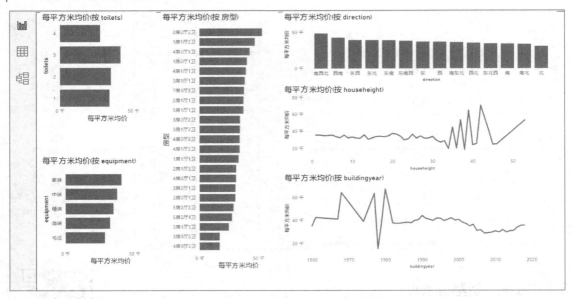

图 8-25　从不同维度对二手房每平方米均价进行对比分析

楼宇建造年份从折线图整体来看，可以明显看出难以找到函数描述的建造年份和价格的关系，但是分段看还是有规律的。总体来说，2000 年之前建造的二手房价格明显高于 2000 年之后建造的，直到建造年份为近两年的非常新的二手房，房价才明显上升。虽然有悖于通常的理解，但是仍然可以将建造年份看作影响房价的重要因素，等待进一步的研究。

练习

1．根据"楼宇高度"（buildingheight）列创建计算列"楼宇类型"（buildingtype），规则如表 8-3 所示。

表 8-3　　　　　　　　　　　　　　创建规则

楼宇高度	楼宇类型
1~3 层	低层
4~6 层	多层
7~11 层	小高层
大于 11 层	高层

2．使用 CALCULATE 函数创建度量值，计算楼宇高度为 1~6 层的二手房的每平方米均价。

3．使用 FILTER 函数创建度量值，计算 2000 年之后建造的二手房的每平方米均价。

4．仿照 8.3 节，研究不同房型、朝向、装修程度、楼层的二手房成交数量分布，将其结合二手房数量分布和其他维度，研究影响二手房价格的重要因素。

5．创建一个汇总表，统计不同房型、朝向、装修程度、楼层的二手房的成交数量。

第 **9** 章　数据分析进阶

本章在基本数据分析建模的基础上，介绍一些 DAX 高阶函数的应用，以及在 DAX 建模和编程过程中可提高效率的 VAR 的用法和度量值整理方法等；最后介绍对 DAX 语言数据分析计算过程的深入理解，即数据的存储引擎和公式计算引擎的基本工作原理。

9.1　DAX 语言高阶函数

9.1.1　数据分组和合并函数

数据分组和合并函数用于构造作为计算基础的逻辑数据表，从而作为计算函数的数据源参数，当然也可以用于构造计算表。

假设有下面两张产品信息表。

```
Product1 = DataTable("ProductID",STRING,
            "ProductName", STRING,
            "ProductPrice", DOUBLE
            ,{
                    {"001", "Coffee",20.0},
                    {"002"," Tea",15.0},
                    {"003"," Juice", 18.0}
               }
        )

Product2 = DataTable("ProductID",STRING,
            "ProductName", STRING,
            "ProductPrice", DOUBLE
            ,{
                    {"003"," Juice", 18.0},
                    {"004"," Cake", 12.0},
                    {"005"," Bread", 10.0}
               }
        )
```

1. UNION 函数

UNION 函数的作用类似于 SQL 中的 UNION 运算，可实现集合的并运算，其原型如下。
```
UNION(<table_expression1>, <table_expression2> [,<table_expression>]…)
```
其中的参数可以是已有的数据表，也可以是返回表对象的 DAX 表达式，UNION 函数要求至少有两个参数，作为合并参数的多个表的结构需要保持一致，即列数相同，列属性相同，最终结果表的列属性名由第一个参数给出的表的列属性名决定。最终返回的逻辑表包含作为参数的表对象的所有数据行，因此可能会有重复行出现。

例如，ProductTable1 = UNION(product1, product2)的计算结果如图 9-1 所示。

图 9-1　用 UNION 函数合并两个表

2. EXCEPT 函数

EXCEPT 函数的作用类似于 SQL 中的 EXCEPT 运算，可实现集合的减运算，其原型如下。

```
EXCEPT(<table_expression1>, <table_expression2>)
```

其中参数<table_expression1>和<table_expression2>是两个具有相同结构的表对象，可以是已有的数据表，也可以是返回表对象的 DAX 表达式。其返回值是用表对象<table_expression1>减去表对象 <table_expression2>后得到的逻辑表，即包含属于参数<table_expression1>但是不属于参数<table_expression2>的数据行，最终得到的表对象的列属性名由参数<table_expression1>给出的表的列属性名决定。

例如，ProductTable2 = EXCEPT(Product1,Product2)的计算结果如图 9-2 所示。

图 9-2　用 EXCEPT 函数计算两个表的差

3. INTERSECT 函数

INTERSECT 函数的作用类似于 SQL 中的 INTERSECT 运算，可实现集合的交运算，其原型如下。

```
INTERSECT(<table_expression1>, <table_expression2>)
```

其中参数<table_expression1>和<table_expression2>是两个具有相同结构的表对象，可以是已有的数据表，也可以是返回表对象的 DAX 表达式。INTERSECT 函数判断参数<table_expression1>中的每个数据行是否出现在参数<table_expression2>中，如果出现，则将其作为结果表对象中的一个数据行。由于两个表中的任何一个表都可能有重复的数据行，因此用两个表作为参数调用 INTERSECT 函数时，如果两个表的参数位置不同，则函数返回的表对象也可能是不同的。

例如，ProductTable3 = INTERSECT(Product1,Product2)的计算结果如图 9-3 所示。

ProductID	ProductName	ProductPrice
003	Juice	18

ProductTable3 = INTERSECT(Product1,Product2)

图 9-3　用 INTERSECT 函数计算两个表的交集

再例如，ProductTable4 = INTERSECT(ProductTable1,Product2)的计算结果如图 9-4 所示，注意观察作为第一个操作数的表中具有重复行对结果的影响。

ProductID	ProductName	ProductPrice
005	Bread	10
004	Cake	12
003	Juice	18
003	Juice	18

ProductTable4 = INTERSECT(ProductTable1,Product2)

图 9-4　用 INTERSECT 函数计算两个表（左表有重复行）的交集

9.1.2　数据查询函数

可以使用 9.1.1 小节的 DAX 函数构建完整的产品表 Product，代码如下。

```
Product = UNION(Product1,EXCEPT(Product2,ProductTable3))
```

假设还有一个产品销售表 Sales，其构建代码如下。

```
Sales = DataTable("ProductID",STRING,
        "Count", INTEGER,
        "SalesDate", DATETIME
        ,{
                {"001",200,"2021-1-1"},
                {"002",100,"2021-1-1" },
                {"003",500,"2021-1-2"},
                {"001",200,"2021-1-2"},
                {"002",100,"2021-1-3" },
                {"004",100,"2021-1-3"},
                {"001",200,"2021-1-4"},
                {"002",100,"2021-1-4" },
                {"001",500,"2021-1-4"},
                {"005",200,"2021-1-5"},
                {"002",100,"2021-1-5" },
                {"003",100,"2021-1-5"}
        }
        )
```

两表之间通过 ProductID 字段建立了"1 对多"关系，如图 9-5 所示，在这两个表的基础上，本小节介绍数据查询函数的使用方法。

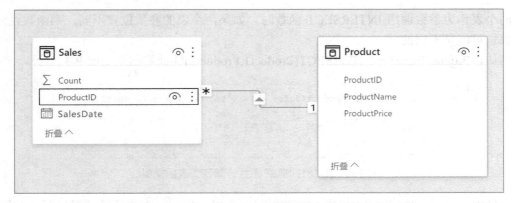

图 9-5　Product 和 Sales 表之间的"1 对多"关系

1．RELATED 函数

对于已建立好关系的两个表，如果以其中一个表为基准表，另一个表为查询表，则用查询表的某个数据列作为参数调用 RELATED 函数时，RELATED 函数会为基准表中的每个数据行，根据关系从查询表中提取作为 RELATED 函数参数的数据列的值。因此 RELATED 函数主要有两种用途：一种是通过关系提取查询表中的指定列数据，从而为基准表构造一个新的计算列；另一种就是在不构造计算列的情况下，通过对提取自查询表的数据进行筛选，从而为基于基准表的计算构造新的筛选器上下文。

RELATED 函数的原型如下。

```
RELATED(<column>)
```

基准表由调用 RELATED 函数的表达式上下文确定，RELATED 函数唯一的参数<column>是查询表中的某个数据列的名称（希望根据关系从查询表中提取的数据列）。

例如，如果要为 Sales 表添加一个计算列 Productname，则基准表是 Sales 表，查询表为 Product 表，计算列 Productname 的度量值公式如下。

```
Productname = RELATED('Product'[ProductName])
```

表示为 Sales 表的每一行数据，根据 ProductID 列从建立关系的 Product 表中查找 ProductID 属性值相同的一行，然后提取其 ProdctName 属性的值，并作为 Sales 表中新添加的计算列 Productname 的属性值。最终效果如图 9-6 所示。

		1 Productname = RELATED('Product'[ProductName])	
ProductID	Count	SalesDate	Productname
001	200	2021/1/1 0:00:00	Coffee
002	100	2021/1/1 0:00:00	Tea
003	500	2021/1/2 0:00:00	Juice
001	200	2021/1/2 0:00:00	Coffee
002	100	2021/1/3 0:00:00	Tea
004	100	2021/1/3 0:00:00	Cake
001	200	2021/1/4 0:00:00	Coffee
002	100	2021/1/4 0:00:00	Tea

图 9-6　使用 RELATED 函数从 Product 表提取产品名称为 Sales 表构造计算列

2. RELATEDTABLE 函数

RELATEDTABLE 函数主要用于将建立好关系的两个表连接起来，从而构造计算所基于的筛选器上下文，其函数原型如下。

```
RELATEDTABLE(<tableName>)
```

调用 RELATEDTABLE 函数时，通常将建立好关系的两个表中的一个表作为基准表，参数<tableName>是与基准表相连接的另一个表。RELATEDTABLE 函数会根据基准表中的每个数据行依据关系去<tableName>表中查找匹配的数据行，函数调用结果是一个临时逻辑表。

例如，如果希望统计 Product 表中每种产品的销售总量，基本原理是对 Product 表中的每一行，使用 RELATEDTABLE 函数根据 ProductID 去 Sales 表中提取所有 ProductID 相同的行并组成一个表，然后对这个计算得到的保存在内存中的临时表的 Count 字段进行求和计算，得到该产品的销售总量。具体做法是为 Product 表构造计算列，其公式如下。

```
销售总量 = SUMX(RELATEDTABLE(Sales),Sales[Count])
```

最终的计算效果如图 9-7 所示。 

1 销售总量 = SUMX(RELATEDTABLE(Sales),Sales[Count])			
ProductID	ProductName	ProductPrice	销售总量
002	Tea	15	400
003	Juice	18	600
001	Coffee	20	1100
005	Bread	10	200
004	Cake	12	100

图 9-7　使用 RELATEDTABLE 函数为 Product 表统计每种产品的销售总量

3. LOOKUPVALUE 函数

当两个表已经建立了关系后，使用 RELATED 函数进行查找是很方便的。而当两个表之间没有建立关系时，可以使用 LOOKUPVALUE 函数完成查找任务。LOOKUPVALUE 函数可以在指定的目标数据源表中查找满足参数给出的条件的数据行，并返回指定的数据列的属性值。LOOKUPVALUE 函数在目标表中进行查找时，会忽略所有加在目标表上的筛选条件，因此此函数适合在复杂的上下文环境中进行查找。LOOKUPVALUE 函数的原型如下。

```
LOOKUPVALUE( <result_columnName>,<search_columnName>,<search_value>[,<search_
columnName>, <search_value>]…[, <alternateResult>])
```

其中"<search_columnName>, <search_value>"是一个条件对，说明查找时指定的数据列名称和对应的属性值。这样的条件至少有一对，也可以根据需要提供多对条件。第一个参数<result_columnName>的形式是包含表名和数据列名的 DAX 完全限定名形式，表名说明了查找所基于的数据源表，LOOKUPVALUE 函数会在该表中查找满足给定条件对的数据行，然后返回<result_columnName>中列名对应的数据列的属性值。

LOOKUPVALUE 函数只会返回一个值，因此当满足给定条件的数据行只有一行时，返回该行<result_columnName>列的属性值；当满足给定条件的数据行有多行，但是这些数据行的<result_columnName>列的属性值都相同时，返回该<result_columnName>列的属性值。

当不满足以上情况时，返回值由是否给定可选参数<alternateResult>表示的候选值决定。

当没有任何数据行满足给定的条件时，如果给出了候选值<alternateResult>，则返回候选值<alternateResult>，否则返回空白值 BLANK。

当满足给定条件的数据行有多个，但是这些数据行<result_columnName>列的属性值不完全相同时，如果给出了候选值<alternateResult>，则返回候选值<alternateResult>，否则返回错误。

例如，同样为 Sales 表增加一个计算列"产品名称"，用于显示每条销售记录中产品的名称，前面演示了如何利用两个表的关系和 RELATED 函数来实现。现在则演示不利用两个表之间的关系，而使用 LOOKUPVALUE 函数直接通过 Sales 表的 ProductID 和 Product 表的 ProductID 匹配来查找产品名称。新增计算列的度量值公式如下。

```
产品名称 = LOOKUPVALUE('Product'[ProductName],'Product'[ProductID],Sales[ProductID],
"未找到")
```

其中最后一个参数"未找到"是当根据 Sales 表的 ProductID 匹配不到 Product 表的 ProductID 时，或者 Product 表中有多个 ProductID 和 Sales 表的 ProductID 匹配且返回的产品名称不止一个时，返回的候选值。最后的效果如图 9-8 所示。

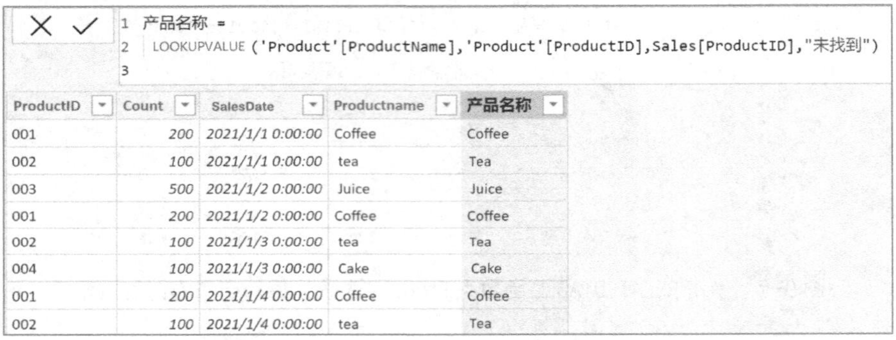

图 9-8　使用 LOOKUPVALUE 函数构建 Sales 的"产品名称"计算列

4．VALUES 函数

VALUES 函数用于对数据列的值去重或者对数据表的数据行去重，得到不包含重复值的结果。它与 DISTINCT 函数的区别是，VALUES 函数返回的结果中可以包含空白值 BLANK。VALUES 函数的原型如下。

```
VALUES(<TableNameOrColumnName>)
```

唯一的参数<TableNameOrColumnName>表示需要提取不重复数据的数据源表或数据列的名称。VALUES 函数的主要用途是作为其他函数调用时的参数，为统计和计算提供数据源或筛选条件来源。

例如，想知道 Sales 表中哪些产品有销售记录，可以使用 VALUES 函数提取所有在 Sales 表中出现过的 ProductID 并为其去重，实现公式如下。

```
产品名称表 = VALUES(Sales[ProductID])
```

并不一定所有的产品都有销售记录，并且同种产品可能会有多条销售记录，此时 VALUES 函数会将有销售记录的所有独一无二的 ProductID 提取出来，并构成只有一列的表返回，效果如图 9-9 所示。返回的表可以作为其他函数的参数使用。

```
1  产品名称表 = VALUES (Sales[ProductID])
```

ProductID ▾
001
002
003
004
005

图 9-9　使用 VALUES 函数提取有销售记录的 ProductID

5. HASONEVALUE 函数

HASONEVALUE 函数通常用于判断筛选器使用情况。如果作为筛选器使用的表字段被筛选后在使用的当前上下文中只剩下一个非重复的值，则返回真；而如果作为筛选器使用的表字段没有被使用，或者筛选后留下多个值，则返回假。HASONEVALUE 函数的原型如下。

```
HASONEVALUE(<columnName>)
```

唯一的参数<columnName>表示作为筛选器使用的表字段。HASONEVALUE 函数通常可以作为 IF 函数的第一个参数实现动态计算。

例如，要求在报表中建立一个卡片图，根据对产品名称的筛选单独显示每种产品的总销售量，可以先建立总销售量的度量值。

```
总销售量 = SUM(Sales[Count])
```

然后构建卡片图，使用 Product 表的 ProductName 作为卡片图对象的"筛选器"字段，使用刚构建的"总销售量"度量值作为卡片图的"值"字段。但是如果筛选器选中多种产品，则计算出来的总销售量并不是我们希望的单独一种产品的总销售量，因此可以使用 HASONEVALUE 函数对筛选器使用的表字段进行判断，看是否只选中了一种产品，然后结合 IF 函数来重新构造总销售量的度量值。

```
总销售量 = IF(HASONEVALUE('Product'[ProductName]),SUM(Sales[Count]),"选中不止一种产品")
```

最终的效果如图 9-10 所示。

图 9-10　使用 HASONEVALUE 函数和 IF 函数显示单独某种产品的销售总量

9.1.3 日期时间函数

1. 构造基于时间智能分析的日期表

在商业智能分析中，往往需要基于销售或生产等商业活动的日期进行不同粒度的时间智能分析，例如，分析不同年份、季度、月份、星期的商业活动指标，以及这些指标的同比、环比分析等。此外，商业活动的年度分析往往与自然年不同，并不都是从 1 月 1 日开始至 12 月 31 日结束，因此这些时间智能分析需要构造和商业活动紧密相关的日期表。日期表包含和商业活动相关的年度、季度、月度、星期、日期，以及其他可能的不同粒度的日期和时间数据。这里需要使用以 CALENDAR 函数为主的一系列日期和时间函数。

CALENDAR 函数用于构造日期表，其函数原型如下。

```
CALENDAR(<start_date>, <end_date>)
```

参数<start_date>表示开始日期，参数<end_date>表示结束日期。CALENDAR 函数将构造一个从<start_date>开始直到<end_date>为止的所有日期组成的日期表，这个日期表只有一列数据，列名为 date。

例如，在二手房数据库中，用如下公式创建一个名为"2000 至 2020 年日期表"的新表，该表包含 2000 年 1 月 1 日到 2020 年 12 月 31 日的所有日期，如图 9-11 所示。

```
2000 至 2020 年日期表 = CALENDAR (DATE (2000, 1, 1), DATE (2020, 12, 31))
```

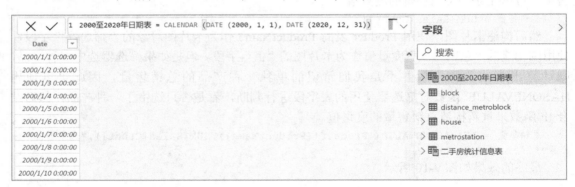

图 9-11 日期表的构造

通常会基于应用系统数据库中包含交易日期的某个数据表来调用 CALENDAR 函数生成特定的日期表，然后结合日期函数来构造年、月、日、星期、季度等计算列，从而形成面向应用的具有各个时间粒度数据的日期表，它将作为调用日期时间智能函数进行沿时间维度的数据分析的基础。

例如，基于二手房数据库，综合应用 CALANDER、ADDCOLUMNS、FIRSTDATE、LASTDATE、YEAR、MONTH、DAY、WEEKNUM、WEEKDAY 等函数，构造一个用于进行二手房日期智能时间分析的日期表，DAX 公式如下。

```
housesales_calendar = ADDCOLUMNS(
    CALENDAR(FIRSTDATE ('house'[sale_date]),LASTDATE('house'[sale_date])),
    "年",YEAR([Date]),
    "季度",ROUNDUP(MONTH([Date])/3,0),
    "月",MONTH([Date]),
```

```
"周",WEEKNUM([Date]),
"年季度",YEAR([Date]) & "Q" & ROUNDUP(MONTH([Date])/3,0),
"年月", YEAR([Date])*100+MONTH([Date]),
"年周",YEAR([Date])*100+WEEKNUM([Date]),
"星期几",WEEKDAY([Date])
)
```

先使用 FIRSTDATE 函数和 LASTDATE 函数计算得到二手房销售数据表中第一笔交易的日期和最后一笔交易的日期，然后以此为基础使用 CALANDER 函数构造一个涵盖二手房交易数据的日期表。

以这个日期表为基础，使用 YEAR 函数构造计算列"年度"，使用 DAX 公式 ROUNDUP(month([Date])/3,0)构造计算列"季度"，计算列"月""周""星期几"都可以通过 DAX 日期库函数直接构造；而"年季度"计算列是文本类型的，通过年份数据、季度标识"Q"、季度值和文本连接运算符"&"构造；"年月"和"年周"计算列是整数类型的，通过将年份乘以 100 再加上月份值或周数值得到，这里乘以 100 是因为一年中月份或周数都不会超过 100。

最终得到的二手房交易数据日期表如图 9-12 所示。

```
1  housesales_calendar = ADDCOLUMNS(
2      CALENDAR(FIRSTDATE ('house'[sale_date]),LASTDATE('house'[sale_date])),
3      "年",YEAR([Date]),
4      "季度",ROUNDUP(MONTH([Date])/3,0),
5      "月",MONTH([Date]),
6      "周",WEEKNUM([Date]),
7      "年季度",YEAR([Date]) & "Q" & ROUNDUP(MONTH([Date])/3,0),
8      "年月", YEAR([Date])*100+MONTH([Date]),
9      "年周",YEAR([Date])*100+WEEKNUM([Date]),
10     "星期几",WEEKDAY([Date])
11 )
12
```

Date	年	季度	月	周	年季度	年月	年周	星期几
2018/7/1 0:00:00	2018	3	7	27	2018Q3	201807	201827	1
2018/7/2 0:00:00	2018	3	7	27	2018Q3	201807	201827	2
2018/7/3 0:00:00	2018	3	7	27	2018Q3	201807	201827	3
2018/7/4 0:00:00	2018	3	7	27	2018Q3	201807	201827	4
2018/7/5 0:00:00	2018	3	7	27	2018Q3	201807	201827	5
2018/7/6 0:00:00	2018	3	7	27	2018Q3	201807	201827	6
2018/7/7 0:00:00	2018	3	7	27	2018Q3	201807	201827	7
2018/7/8 0:00:00	2018	3	7	28	2018Q3	201807	201828	1
2018/7/9 0:00:00	2018	3	7	28	2018Q3	201807	201828	2

图 9-12　二手房交易数据日期表

2. 时间智能分析

以二手房数据库为例，先介绍基于时间的智能分析的概念。在"模型"视图中将 house 表的 sales_data 列与 housesales_calendar 表的 date 列连接到一起，这就将前面构造的日期表 housesales_calendar 与二手房销售表 house 建立了关系，如图 9-13 所示。接下来就可以通过对 housesales_calendar 表的筛选来构造不同粒度的时间智能分析。

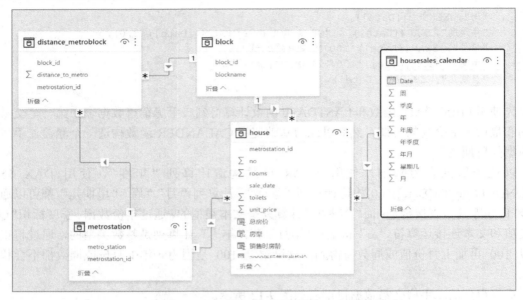

图 9-13　将日期表与二手房销售表建立关系

在报表页中放置两个卡片图可视化对象，分别显示"二手房销售数量"和"每平方米均价"两个量化指标。在没有任何筛选器的情况下，这两个可视化对象显示的是对所有二手房销售数据进行计算得到的二手房销售总数量和所有销售数据的每平方米均价数据。接下来使用二手房销售日期表 housesales_calendar 构造一个切片器对象，可以根据切片器对象的值属性使用的是二手房销售日期表中的哪一列，对二手房销售数据进行不同年份、季度等粒度的日期智能分析，如图 9-14 所示。

图 9-14　基于日期表切片器对象的时间智能分析

上面演示了通过切片器构造基于日期时间的筛选器上下文进行智能分析的一种场景，下面通过一个例子演示基于日期时间的筛选器上下文的构造。创建一个矩阵对象，设置其"行"属性为日期表中的"年季度"列，"值"属性为"二手房销售数量"和"每平方米均价"两个度量值。该矩阵的每一行都会根据这一行的"年季度"列的值，对二手房销售信息表中的数据行进行筛选，在此筛选器上下文环境中再计算度量值，就得到了矩阵对象中该行的"年季度"值的"二手房销售数量"和"每平方米均价"数据，如图 9-15 所示。

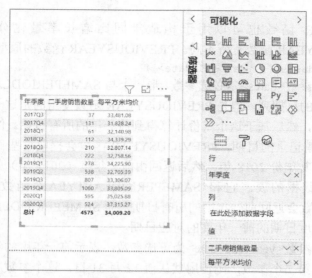

图 9-15 基于矩阵对象进行按照"年季度"粒度的时间智能分析

接下来再实现一个常见的日期智能分析：基于同比增长率的分析。

二手房销售量年同比增长率的计算公式如下。

$$二手房销售量年同比增长率=\frac{本年度二手房销售量-前一年度二手房销售量}{前一年度二手房销售量}\times100\%$$

当使用 DAX 语言实现这个量化指标的计算时，需要通过构造筛选器上下文来实现对本年度数据和前一年度数据的筛选，进而完成销售量指标的计算，然后实现年同比增长率指标的计算。从上面的例子我们应该知道，本年度筛选器上下文可以通过切片器或者矩阵等可视化对象来实现，而在 DAX 公式中需要完成根据本年度的筛选器上下文构造前一年度的筛选器上下文的工作，具体的实现代码如下。

```
年度同比增长率 =
DIVIDE(COUNT(house[no])-
CALCULATE(COUNT(house[no]),SAMEPERIODLASTYEAR('housesales_calendar'[Date])),
CALCULATE(COUNT(house[no]),SAMEPERIODLASTYEAR('housesales_calendar'[Date]))
)
```

其中 CALCULATE 函数在当前（假设已经筛选为本年度）数据的基础上，使用 SAMEPERIODLASTYEAR 函数得到前一年度的数据，注意，每一次计算都是针对这次计算中的本年度的数据来得到前一年度的数据。SAMEPERIODLASTYEAR 函数的原型如下。

```
SAMEPERIODLASTYEAR(<dates>)
```

参数<dates>是和数据筛选相关的某个表（如日期表）中的日期数据列，该函数会根据筛选器上下文对数据源表进行筛选后留下的数据行，返回每行中日期数据对应的前一年度的日期数据，因此返回值是一个只有一列日期型数据的表。因为 SAMEPERIODLASTYEAR 函数是根据本年度的日期数据构造前一年的同时期日期数据，如果本年度的日期数据不全，如只有 1~6 月的数据，则 SAMEPERIODLASTYEAR 函数计算的结果是前一年度 1~6 月的日期数据，所以基于 SAMEPERIODLASTYEAR 函数构造的时间智能分析使用的是本年度和前一年度同时期的日期数据。

PREVIOUSYEAR 函数也可以用于构造年同比增长率量化分析，但是原理和 SAMEPERIODLASTYEAR 函数有所不同。PREVIOUSYEAR 函数的原型如下。

```
PREVIOUSYEAR(<dates>[,<year_end_date>])
```

此函数的第一个参数<dates>是必选参数，形式上与 SAMEPERIODLASTYEAR 函数的一样，都是来自某个表的日期列。但是 PREVIOUSYEAR 函数使用的是这一列日期数据中最新的日期并得到其年份，然后基于这个年份计算得到前一年的所有日期。例如，参数<dates>包含 2018 年的一些销售记录的日期，PREVIOUSYEAR 函数会提取这些日期中最新的一个日期，以此为基础得到其年份 2018 年，然后返回由前一年度（2017 年）的所有日期构成的一个具有一列日期型数据的表。它和 SAMEPERIODLASTYEAR 函数不同的地方在于，PREVIOUSYEAR 函数会返回前一年度的所有日期，而 SAMEPERIODLASTYEAR 函数返回的是作为基准的本年度日期的前一年度的对应日期。

此函数的第二个参数<year_end_date>为可选参数，表示前一年度的年末日期的文本类型的数据，如果不给出第二个参数，则使用默认值 12 月 31 日。这个参数主要用于解决商业智能分析中财政年度并不是以自然年的年末日期作为结束日期的问题。

基于 PREVIOUSYEAR 函数的年同比增长率度量值定义如下。

```
年度同比增长率 2 =DIVIDE(COUNT(house[no])-
CALCULATE(COUNT(house[no]),PREVIOUSYEAR('housesales_calendar'[Date])),
CALCULATE(COUNT(house[no]),PREVIOUSYEAR('housesales_calendar'[Date]))
)
```

然后构造一个矩阵可视化对象，使用日期表中的"年"数据列作为"行"属性，"年度同比增长率"和"年度同比增长率 2"两个度量值作为"值"属性，如图 9-16 所示。可以看到，使用 SAMEPERIODLASTYEAR 函数的"年度同比增长率"度量值计算时，使用本年度和前一年度都具有的日期范围进行比较，基本每年的二手房销售量都是同比增长的；而使用 PREVIOUSYEAR 函数的"年度同比增长率 2"度量值，因为 2020 年只有前几个月的数据，但是对 2019 年仍然使用全年的数据，所以年同比增长率计算的结果是负值。

图 9-16　使用不同函数定义的"年度同比增长率"度量值的计算分析

其他时间粒度的分析，例如，季度和月份的同比增长率的 DAX 公式和年度同比增长率的 DAX 公式的定义在原理上是类似的，只需将 PREVIOUSYEAR 函数替换成 PREVIOUSQUARTER 函数或 PREVIOUSMONTH 函数就可以了。

9.1.4 排名函数

排名是数据分析中常用的量化方法，通过从不同维度对数据进行排名，可以了解当前分析维度下最重要的值或者变量因素。例如，通过销量排名情况可以从不同角度了解表现最好或者最差的地区、产品、部门等。DAX 语言提供了丰富的排名类函数，下面结合案例介绍其中的 3 个函数，以分析排名分析的基本原理。

1. RANKX 函数

RANKX 函数的功能是按照某个规则对数据表中的每一行进行排名，其函数原型如下。

```
RANKX(<table>, <expression>[, <value>[, <order>[, <ties>]]])
```

前两个参数是必选参数，第一个参数<table>是要进行排名的数据源表；第二个参数<expression>是返回唯一标量值的 DAX 表达式，通常会包含<table>表中的列属性，指定了为<table>表中的每个数据行计算排名值的规则。

第三个参数<value>如果不给出，则默认值就是第二个参数<expression>，一般来说，如果希望给出另一个根据数据行计算得到标量值的表达式，但是又不以其自身的值作为排名决定的依据，而是依据其值在第二个参数<expression>中的排位作为排名的依据，则可以使用这个可选的参数<value>。例如，有甲、乙两个班级的学生，如果只想得到甲班学生的均分排名，则可以只使用参数<table>和<expression>进行计算，而如果希望得到乙班每个学生的均分在甲班的排名，则可以使用参数<expression>计算甲班每个学生的均分，使用可选参数<value>计算乙班每个学生的均分，然后将乙班每个学生的均分和甲班学生的均分进行比较，看其排在第几名。

第四个参数<order>为可选参数，用于规定排序的方向，默认值为 0 或者 false，表示按降序排名；如果设置为 1 或者 true，则表示按升序排名。

第五个参数<ties>为可选参数，用于规定当用于排名的数据行的<expression>值相同时，如何规定相同值之后的值的排名，不设置时规定当有相同排名值时，排名序号不连续，相同排名序号后的排名序号为相同排名序号+相同排名值的个数。例如，某公司按照销售额对分公司进行排名，如果江苏、广东、浙江分公司的排名相同（并列第 2），天津分公司紧随其后，则天津分公司的排名是第 5。如果设置<ties>参数为 Dense，则规定当有相同排名的值时，排名序号仍然保持连续，在上面的例子中，天津分公司的排名为第 3。

下面以二手房数据分析为例，演示基于 RANKX 函数的排名分析。假设从装修程度角度分析二手房价格的排名，可以定义按照装修程度对二手房每平方米均价进行排名的度量值。

```
装修程度二手房均价排名 = RANKX(ALL(house[equipment]),house[每平方米均价])
```

在报表页中创建一个矩阵可视化对象，将其"行"属性设置为 house 表的 equipment 列，"值"属性设置为度量值"每平方米均价"和"装修程度二手房均价排名"，接着设置矩阵可视化对象的字体大小和显示排名依据的列等属性后，可以得到图 9-17 所示的排名分析结果。

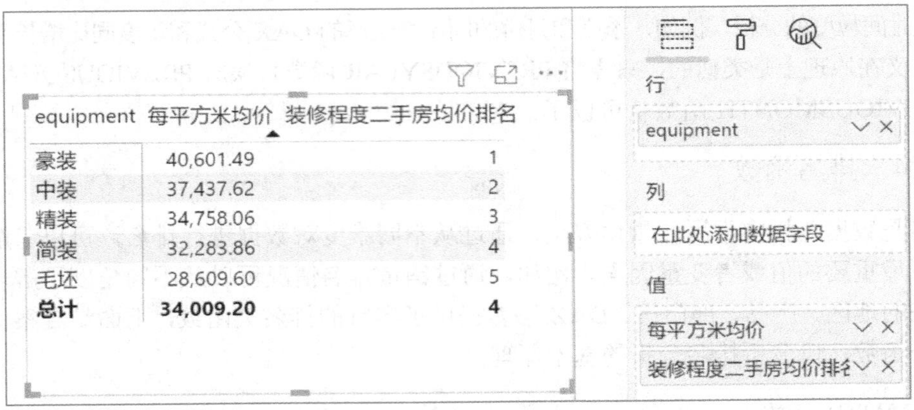

图 9-17 基于装修程度的二手房每平方米均价排名分析

我们通过对比 2010 年前后二手房均价的相对排名，演示第三个参数的作用。使用前面定义好的"2010 年之前每平方米均价"来构造 2010 年之前的二手房均价排名的度量值。

2010 年之前装修程度二手房均价排名 =
rankx(all(house[equipment]),[2010 年之前每平方米均价])

构造 2010 年及之后二手房均价相对于 2010 年前二手房均价的相对排名的度量值。

2010 年起装修程度二手房均价相对 2010 年前的排名 =
rankx(all(house[equipment]),[2010 年之前每平方米均价],[2010 年及之后每平方米均价])

在报表页中创建一个矩阵可视化对象，将其"行"属性设置为 house 表的 equipment 列，"值"属性设置为度量值"2010 年之前每平方米均价""2010 年之前装修程度二手房均价排名""2010 年及之后每平方米均价"和"2010 年起装修程度二手房均价相对 2010 年前的排名"，如图 9-18 所示。可以看到，"2010 年之前装修程度二手房均价排名"和前面的例子一样，是根据第二个参数"2010 年之前每平方米均价"作为依据计算的排名值，而"2010 年起装修程度二手房均价相对 2010 年前的排名"是在计算第三个参数"2010 年及之后每平方米均价"的值后，在查找其在第二个参数"2010 年之前每平方米均价"的计算结果中的排名来得到最后的排名值，因此 2010 年起只有豪装房的均价比 2010 年前所有装修程度的二手房均价都高，排名第 1 名，其余装修程度的二手房均价均排在 2010 年前除了毛坯房以外的均价之后，所以都是排名第 5 名。

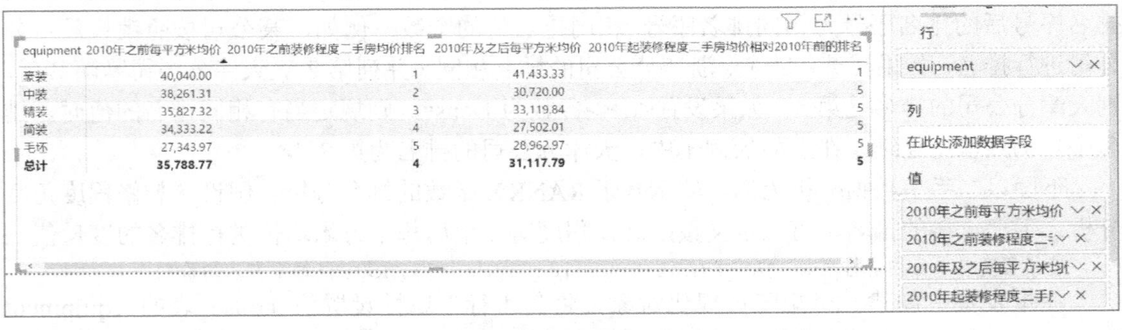

图 9-18 第三个可选参数实现相对排名分析

2. TOPN 函数

如果按照某种规则进行排名后需要返回排名靠前的若干个数据，则可以使用 TOPN 函数，其函数原型如下。

```
TOPN(<n_value>, <table>, <orderBy_expression>, [<order>[, <orderBy_expression>, [<order>]]…])
```

前 3 个为必选参数，第一个参数<n_value>表示返回的数据行数，第二个参数<table>表示数据源表，第三个参数<orderBy_expression>表示排名依据的表达式，通常会包含数据源表中的列属性。可选参数<order>表示是按升序还是降序排名，其用法与 RANKX 函数中的<order>参数一致。在进行排名时，如果<orderBy_expression>的值相同，希望继续根据其他规则分出排名高低，则可以使用后续的可选参数<orderBy_expression>，这与 SQL 中 SELECT 语句的 ORDER BY 子句的作用类似。

TOPN 函数实际上返回参数<table>的一个子集，包含按照给定表达式排名后的<n_value>个数据行。

例如，可以使用 TOPN 函数来生成表，提取二手房销售表中面积最大的 10 套二手房，其 DAX 公式定义如下，生成的数据表如图 9-19 所示。

```
面积最大的 10 套二手房 = TOPN(10,house,house[area])
```

1 面积最大的10套二手房 = TOPN(10,house,house[area])

no	rooms	halls	toilets	area	direction	househeight	buildingheight	equipment	buildingyear
10776	5	2	2	204	南北	8	9	中装	2007
14317	4	2	2	223.4	南北	17	28	精装	2009
11973	4	2	3	227.1	南北	5	6	毛坯	2016
10710	4	2	2	223.8	南	10	10	精装	2006
11294	5	2	4	239.3	南北	20	28	毛坯	2014
13410	4	2	2	245.8	南东北	7	7	毛坯	2008
10433	4	2	3	231	南北	1	6	毛坯	2014
14388	4	2	3	228.8	南北	3	6	毛坯	2013
10801	4	2	3	262.8	南北	12	24	精装	2011
10767	4	2	2	279.5	南北	16	25	精装	2013

图 9-19 面积最大的 10 套二手房数据

TOPN 函数常用于提取分类汇总计算后的排名靠前的若干个数据，如销售额排名前 3 的地区、产品或销售人员等数据。

9.2 DAX 语言数据分析高阶技巧

在使用 DAX 语言进行数据分析的过程中，当分析模型比较复杂时，需要构造很多度量值，并且其中一些度量值的定义会非常复杂，使得整个分析界面比较杂乱，复杂的定义也难以书写和理解。DAX 语言提供了一些能够提高开发和分析效率的方法，其中比较容易理解和掌握的两个方法是使用 VAR 关键字和使用度量值的管理表。

9.2.1　VAR 的用法

由于 DAX 语言是一种表达式语言，因此在构造较为复杂的计算时，DAX 公式将会相当复杂。对于数据分析人员来说，这种公式结构有时候会有较多重复部分难以表达，而对于使用者来说，其计算过程和原理也比较难以理解。传统的命令式程序设计语言在将算法表达为源程序时，会通过一条条语句来清晰地表达计算的过程，并且每一步的中间结果都可以使用变量保存并用于下一步的计算。DAX 语言的设计目标就是简单且学习代价低，那么如果能够在实现复杂计算模型时借鉴一点命令式语言的优点，则可以取长补短，VAR 语句就是为此而设计的。

VAR 方法的基本语法如下。

```
度量值 =
VAR 临时变量名 1 = DAX 公式 1
VAR 临时变量名 2 = DAX 公式 2
……
VAR 临时变量名 n = DAX 公式 n
RETURN 临时变量名 n
```

后面出现的临时变量的计算可以利用前面已经得到的临时变量的计算结果。此外需要注意，度量值的名称可以使用汉字，但 VAR 中的临时变量名只能由字母和数字构成，并且不能以数字开头，另外不能和内置函数和表重名。

例如，想对二手房数据表统计一些我们感兴趣的数据指标，并集中生成到一张表中，则可以使用 VAR 语句逐步生成我们需要的每一个指标，并作为一行新数据合并到最终的结果表中，实现的示例性 DAX 代码如下所示，代码运行如图 9-20 所示。此处虽然只提取了最高价、最低价和平均价 3 个指标，但是按照相同的原理，可以不断添加感兴趣的指标到结果表中。

```
计算信息表 =
var maxprice = max(house[unit_price])
var minprice = min(house[unit_price])
var avgprice = AVERAGE(house[unit_price])
var t1 = row("属性","最高价","值",maxprice)
var t2 = row("属性","最低价","值",minprice)
var t3 = row("属性","平均价","值",avgprice)
var total = union(union(t1,t2),t3)
return total
```

属性	值
最高价	100700
最低价	9700
平均价	34009.2021857923

图 9-20　VAR 生成指标信息表

下面再以一个传统的例子来演示 VAR 的作用。假设希望分析二手房销售量的季度同比增长率，实现这个目标的 DAX 度量值如下。

```
季度同比增长率 = divide(count(house[no])-
CALCULATE(count(house[no]),PREVIOUSQUARTER('housesales_calendar'[Date])),
```

```
CALCULATE(count(house[no]),PREVIOUSQUARTER('housesales_calendar'[Date])))
```

这个 DAX 公式的基本原理不难理解，就是用本季度的销售量减去上季度的销售量，再除以上季度的销售量。但是公式写起来和看起来都很复杂，而且上季度销售量的公式表达需要写两次，也会被执行两次。而使用 VAR 语句，可以分步骤地将以上计算表达为如下形式。

```
季度同比增长率 VAR 方法 =
VAR CURSALES = count(house[no])
VAR PREVSALES = CALCULATE(count(house[no]),PREVIOUSQUARTER('housesales_calendar'
[Date]))
VAR RES = divide(CURSALES-PREVSALES,PREVSALES)
RETURN  RES
```

我们可以使用折线图可视化对象，将日期表中的"年季度"列设置为折线图的"轴"属性，将"季度同比增长率（VAR 方法）"度量值设置为折线图的值属性，效果如图 9-21 所示。

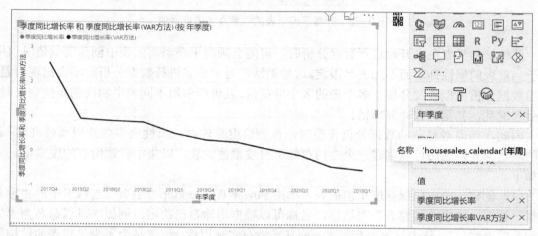

图 9-21 使用 VAR 方法定义"季度同比增长率"度量值

从这个例子可以看到，**VAR** 的优点主要有以下几点。
- 可以将复杂的计算过程分解，从而便于实现，也易于理解。
- VAR 中定义的名字对象的计算，其计算过程不受上下文筛选环境的影响，仅由其 DAX 公式本身的定义决定，而如果不使用 VAR，则名字对象对应的子表达式的计算会受其所应用的外部表达式的上下文筛选环境约束。
- VAR 定义的名字对象被计算后，其结果会保存下来，后面需要时可以直接使用，而不需要重新计算，从而提高程序性能。
- 可以方便地进行调试。

9.2.2 度量值的管理

随着数据分析过程的不断推进，从不同角度为当前的数据集建立不同的分析模型后，每个分析模型都需要建立相应的度量值，因此度量值会越来越多，而且分属于不同的数据表，这样会使当前数据表视图非常杂乱，难以管理，如图 9-22 所示。

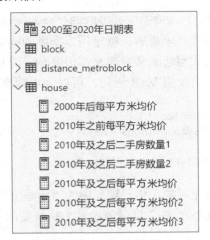

图 9-22　分属于各个表的数量众多的度量值

此外，初学者在刚开始进行数据分析时，可能会倾向于在当前的表中创建度量值时引用属于当前表的属性列名而不加表名限定。这种做法在对一个表进行数据分析时不会出现问题，但当数据分析模型涉及分属于多个表的多个度量值，且可能引用不同表中相同的属性列名时，会引起混乱，甚至导致计算出错。

因此，当面对复杂的数据分析模型时，在创建度量值时，属性列名要使用属性列名+表名的限定形式，之后可以创建一个专门存储所有度量值的表，以集中管理所有的度量值。方法如下。

（1）创建一个专门保存度量值的表。单击 Power BI Desktop "主页"选项卡中的"输入数据"按钮，弹出"创建表"对话框，名称可以根据用途自己决定，例如，可以命名为"房价相关的度量值"；该表只有一列，这一列其实没有实际用途，仅仅是为了满足建表的结构需要，因此列名也可以随便定义；单击"加载"按钮，如图 9-23 所示。

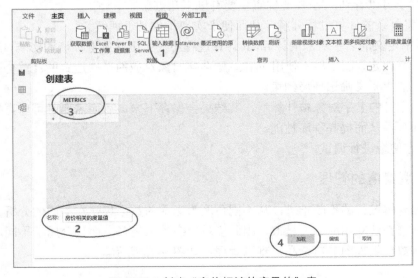

图 9-23　创建"房价相关的度量值"表

（2）将分散在其他表中的度量值移动到该表中。操作方法是：选中要管理的度量值，在 Power BI Desktop 的"度量工具"选项卡中的"主表"下拉列表中选择"房价相关的度量值"选项。这样就将选中的度量值的归属表从原表调整为"房价相关的度量值"表了，如图 9-24 所示。

图 9-24 将度量值统一放到"房价相关的度量值"表中

使用相同的方法，如果在度量值很多，同时用于不同的分析用途时，可以创建多张专门的度量值管理表，将度量值按照用途分别移动到不同的管理表中，这样使用时更加清晰，也易于管理。

9.3 深入理解 DAX 语言数据分析

对 DAX 语言的计算过程进行深入理解有利于构造出正确、合理、高效的分析模型。Power BI 的分析模型主要基于度量值和计算列构造，而它们又是用 DAX 公式实现的。任何 DAX 公式的计算过程都是由公式引擎和存储引擎处理的。当 Power BI 将一个 DAX 公式发送给包含语义模型的分析服务引擎后，分析服务引擎会产生一个相应的查询计划，并由公式引擎和存储引擎具体执行。存储引擎负责提取数据，公式引擎负责完成存储引擎无法有效完成的复杂计算和处理操作。DAX 公式的计算过程如图 9-25 所示。

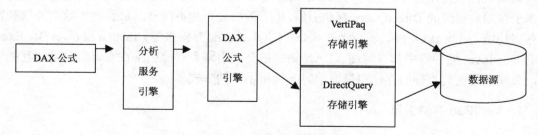

图 9-25 DAX 公式的计算过程

9.3.1　公式引擎

公式引擎负责将 DAX 公式中的查询分解为由一系列具体执行步骤构成的查询计划，这些具体的执行步骤包括表的连接、结合筛选器上下文条件对数据进行筛选、数据的聚合计算及数据的查询操作等。公式引擎能够实现对数据的计算和处理，但是当需要数据时，公式引擎依靠存储引擎提供数据。

例如，希望在报表上按时间轴显示二手房销售量的折线图，使用折线图可视化对象时，将二手房销售日期属性 sale_date 设置为折线图的"轴"属性，将"二手房销售量"度量值设置为折线图的"值"属性，其定义前面已经介绍过，如下所示。

```
二手房销售量 = DISTINCTCOUNT(house[no])
```

则 Power BI 的公式引擎会将这个计算过程转换为如下的 DAX 查询计划。

```
// DAX Query
DEFINE
  VAR __DS0Core =
    SUMMARIZECOLUMNS('house'[sale_date], "二手房销售量", '分析用度量值收纳盒'[二手房销售量])

  VAR __DS0IntersectionCount = CALCULATE(COUNTROWS(__DS0Core))

EVALUATE
  ROW(
  "DS0IntersectionCount", __DS0IntersectionCount
  )

EVALUATE
  SAMPLEAXISWITHLOCALMINMAX(3500, __DS0Core, 'house'[sale_date], [二手房销售量],
350, , ALPHABETICAL, ASC, 105000, 60)

ORDER BY
  'house'[sale_date]
```

9.3.2　存储引擎

当收到公式引擎的数据提取请求后，存储引擎根据要求从表中直接取出数据，或者也可能需要将来自不同表的数据集成起来，然后以未压缩的形式返回给公式引擎。出于应对不同处理请求和性能优化等方面的考虑，DAX 的存储引擎有两种：基于内存的 VertiPaq 存储引擎和基于原始数据源的 DirectQuery 存储引擎。由于微软公司的不同产品都会提供数据处理和数据存储功能，因此 DAX 语言实际上在 SSAS（SQL Server 分析服务）Tabular、Power BI、Excel 的 Power Pivot 插件等中都有实现。DAX 语言的公式引擎和存储引擎在实现时又是相互独立的，公式引擎在与不同的存储引擎通信时会使用不同的方式。

1. VertiPaq 存储引擎

VertiPaq 存储引擎在微软官方网站中的名称是 xVelocity in-memory analytical engine，这是一种内存列式数据库。在大多数数据源中，如关系数据库中，数据表都是按行存储并由多个属性构成的，每行数据表示现实世界的一个实体，所有行的相同属性构成了表的列。在实际存储时，数据是按照一行接一行的方式存储的。当数据表被 VertiPaq 存储引擎从数据源读取到内存后，会进行如下处理。

- 数据表在内存中按列存储，即每一列独立存储数据，并且根据数据类型对每列数据进行编码和压缩。
- 为每列数据分别建立数据字典和索引。
- 如果需要，则创建实现表之间联系的数据结构。
- 如果有计算列，则计算出计算列的数据并进行压缩。

采用列式存储结构存储数据表的原因很简单，因为数据表中绝大多数度量值的计算是在某一列上完成的，如销售总额、商品平均价格等。行式存储结构在计算时需要按行扫描、读取数据并过滤掉每行不需要的列属性。而列式存储结构可直接在列数据上进行计算，因此列式存储结构相比行式存储结构具有更好的计算性能。

当 DAX 公式的计算涉及多列数据时，Vertipaq 存储引擎需要读取相关的多列数据，然后计算并维护这些列数据之间的关系。此时 Vertipaq 存储引擎读取多个内存中列数据的代价较小，因为每列数据都是一个连续的内存块，但会花费较多的 CPU 时间来处理列数据之间的关系。在这种情况下采用行式存储结构，数据列之间的关系不需要花费太多 CPU 时间来维护，但当数据量比较大时，可能需要花费更多的读取数据时间。随着计算机硬件的快速发展，CPU 的读写速度总是比存储设备快很多，因此列式内存数据库以更多的 CPU 处理时间为代价来获得更少的内存访问时间，从而获得更好的性能。

对数据进行压缩和数据字典编码也是基于相同的考虑。将数据压缩后可以对相同的数据用更少的二进制位存储，这样可以在同样大小的内存中保存更多的数据，从而可以处理更多的数据。当某列数据的取值可能性很少时，可以采用数据字典，将这些值用整数编码，并用编码整数值替换原来的数据，从而减少数据量，同时对编码整数值的处理相比原来的对文本等其他类型数据的处理也更容易。对数据进行压缩和数据字典编码显然要增加处理代价，但是相比减少的存取代价，显然是值得的，因为 CPU 的读写速度比内存的读写速度快很多。

VertiPaq 存储引擎将读取生成的表数据保存在内存中，需要时再周期性地从数据源中刷新。

2．DirectQuery 存储引擎

DirectQuery 存储引擎每次在需要向公式引擎返回数据时，都会从数据源中读取数据表的内容，并且不会将数据缓存在内存中。一般来说，应该尽可能地使用 VertiPaq 存储引擎以获得较好的性能。但在有些情况下可能必须使用 DirectQuery 存储引擎，可能的情况如下。

- 原始数据源中数据被频繁地更改，而报表中的可视化对象必须反映最新的数据分析结果。
- 原始数据源中的数据量太大，以至于无法用 VertiPaq 存储引擎将其保存到内存中，可以根据公式引擎的请求使用 DirectQuery 存储引擎在数据源中查询，然后返回查询的结果数据集。
- 数据源的所有方限制数据的使用，不允许应用下载完整的数据集，因此只能使用 DirectQuery 存储引擎返回查询结果数据集。
- 若数据源包含度量值，则这些度量值只有在数据源中才具有正确的语义，因此无法将其导入 DAX 公式引擎所在的应用并在本地内存中使用，需要使用 DirectQuery 存储引擎返回在数据源中查询的结果。

9.3.3　DAX 公式性能分析

可以使用 Power BI 自带的性能分析器对 DAX 分析模型的计算性能进行分析。单击"视图"选项卡中的"性能分析器"按钮，在弹出的"性能分析器"窗口中可以分析报表中视觉对象的计算性能，包括 DAX 公式查询的执行时间、视觉对象的绘制时间，以及其他处理花费的时间代价等，如图 9-26 所示。同时，使用"复制查询"功能还可以看到 DAX 公式对应的实际查询计划需要执行的每一步具体操作。

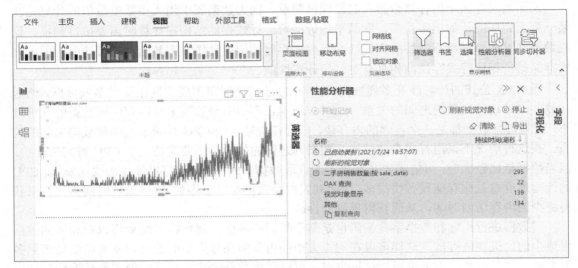

图 9-26　Power BI 自带的性能分析器

如果需要进一步详细地分析 DAX 公式的性能，则需要使用 DAX Studio 这样的工具。

练习

1. 将小区信息表和二手房信息表合并成一个新的数据表。
2. 将地铁信息表和二手房信息表合并成一个新的数据表。
3. 找到房价最高的 10 个小区的信息。
4. 找到房价最高的小区附近地铁站的信息。
5. 分析房价的季度同比增长率。

第 10 章 数据分析高级应用案例

本章以对二手房数据的分析为例，介绍 Power BI 的一些高级分析技巧，包括动态分析的两种实现方法、关联分析及线性回归分析等。

10.1 动态分析

在 Power BI 中，以数据模型为基础，基于分析目标构建基础度量值，然后将度量值、报表、视觉对象和切片器结合起来，可以进行目标导向的分析。在这个数据分析过程中，除了通过数据表中的数据进行计算以外，分析人员其实根据分析目标还会使用很多"参数"。可以通过下面几个例子进行理解。

- 若在排名分析中希望计算和显示前 10 名，这个 10 就是一个度量值计算公式要用到的参数。
- 在模拟销售分析中，如果希望分析打折活动中折扣为 0.8 时的销售模拟效果，那么折扣率 0.8 也是一个度量值计算公式要用到的参数。
- 在折线图、瀑布图中显示数据时，y 轴的起始值属性默认值为 0，但是可以调整，这里起始值 0 也可以看作一个参数。
- 在一个视觉对象（如柱形图、折线图等）中，也常常通过手工切换属性中的值属性对应的度量值来实现不同的分析目标，这里可设置的度量值也可以看作一个参数。

这里体现的分析方法通常被称为静态分析方法，因为所有结果在计算完毕就确定了，无法再调整。如果分析人员希望进行更多的分析，需要调整计算中涉及的目标导向的参数，如排名分析中从前 10 名调整为前 5 名、折扣率从 0.8 调整为 0.9、y 轴起始值从 0 调整为 1000 等，然后刷新计算和显示效果。

静态方法的缺点，一是要达到不同的目标，每次都需要调整参数，为纯手工操作，比较麻烦；二是不能够在多个感兴趣的分析目标之间快速切换和对比。

如果能将数据分析中目标导向的这些参数通过某种方式在报表中以可视化的方式进行操控，自动调整、重新计算和刷新显示，则可以帮助分析人员快速、准确、友好地切换和对比多种分析目标，提升数据分析的速度和效果，这种方法就是动态分析的方法。

动态分析的关键思路是，首先确定数据分析中目标导向的参数，然后将这些参数所有可能的取值转化为数据表之外的辅助表（可以称之为参数表），再通过报表中的切片器让分析人员可以通过可视化的方式为参数选择当前的值，进而将得到的参数值用于核心度量值 DAX

公式的构造，最终完成计算和显示，达到分析的目标。

下面介绍两种实现动态分析的方法。

10.1.1　动态分析方法 1——参数表

动态分析的第一种方法是由分析人员手工构造参数化度量值所有可能取值的参数表，也就是在数据模型中添加的一张辅助数据表，其内容可以作为其他 DAX 公式的参数，通常表示某些条件动态变化的可能性，从而对可能的各种条件情况下数据分析结果的计算给出全局变化分析的结果。

参数表的列中被选择的值用于替换原有度量值中的常量，或者作为在多个度量值之间进行选择的依据，通常会作为 DAX 度量值公式的一部分。将参数表与报表页中的切片器结合使用，用户在进行可视化分析时通过对切片器的选择决定 DAX 度量值公式中参数表列中属性的取值，从而根据用户的操作来进行动态分析。

下面通过一个案例演示参数表的应用。

假设希望根据多个不同的度量值指标从不同的角度进行数据分析，典型的做法是使用多个报表页，每个报表页都使用相同的可视化对象，每个可视化对象展示从某个维度展开的分析，但是每个报表页上的可视化对象仅使用一个度量值指标。这种方法的缺点是需要使用多个报表页，但是在每个报表页上进行的分析除了度量值指标不同，其他工作都是相同的。如果未来需要改变可视化对象的分析角度，或者增加新的可视化对象从新的维度进行分析，则针对每个度量值指标需要对每个报表页都做出类似的更改，因此会有比较多的重复工作。

如果使用参数表，则可以将度量值指标作为可选择的分析参数，仅在一个报表页包含的多个可视化对象中就可以快速切换对多个不同度量值指标的分析。实现这个设想的基本思路和过程如下。

（1）构造一个用于选择度量值指标的数据表作为动态分析时可选择的参数，这就是参数表的作用。对二手房数据的分析而言，我们目前构造了"每平方米均价"和"二手房数量"两个度量值作为分析的量化指标，因此可以使用这两个度量值的名称作为参数表 ANALYSISMETRICS 中唯一列 Metric 的数据，如图 10-1 所示。

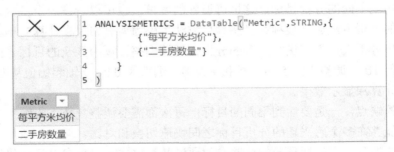

图 10-1　ANALYSISMETRICS 参数表

（2）在当前报表页中放置一个切片器对象，使用参数表 ANALYSISMETRICS 中唯一的列 Metric 作为切片器对象的"字段"属性值。根据需要可以进一步设置切片器对象的其他属性，例如，设置"格式"选项卡中"常规"的"方向"属性为"水平"，最终效果如图 10-2 所示。这个切片器的作用是对参数表进行筛选，通过对由参数表数据构造的复选按钮的操作，决定当前参数表的数据筛选器上下文。

图 10-2　参数表对应的切片器对象

（3）构造一个能够根据参数表筛选器上下文决定的度量值"量化分析指标"，从而可以根据用户对切片器的选择，实现动态的度量值指标分析，具体代码如下。

```
量化分析指标 =
IF (
    HASONEVALUE ( ANALYSISMETRICS[Metric] ),
    SWITCH (
        VALUES (ANALYSISMETRICS[Metric]),
        "每平方米均价", [每平方米均价],
        "二手房数量", [二手房销售数量],
        BLANK ()
    ),
    [每平方米均价]
)
```

通过 HASONEVALUE 函数判断切片器对参数表的筛选是不是只选中了一个值，如果是，则由 SWITCH 函数确定选中的是哪一个度量值名称，再由度量值名称映射到度量值 DAX 公式；如果一个值都没有选中，或者选中了多个值，则使用默认的度量值"每平方米均价"作为量化分析指标。

（4）在当前报表页中设置两个簇状条形图，分别用 toilets 和 equipment 列作为轴；设置两个簇状柱形图，分别用"房型"和 direction 列作为轴；再设置一个折线图对象，使用 buildingyear 作为轴。同时，将以上 5 个可视化对象的"值"属性都设置为步骤（3）中构造的"量化分析指标"度量值。这样就可以从 5 个不同的维度进行可视化分析。而通过对切片器对象中复选框的选择，可以方便地实现基于"每平方米均价"或"二手房数量"等不同度量值指标的数据分析，如图 10-3 和图 10-4 所示。

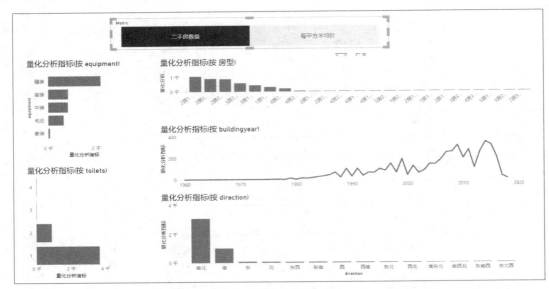

图 10-3　通过切片器选择基于"二手房数量"的数据分析

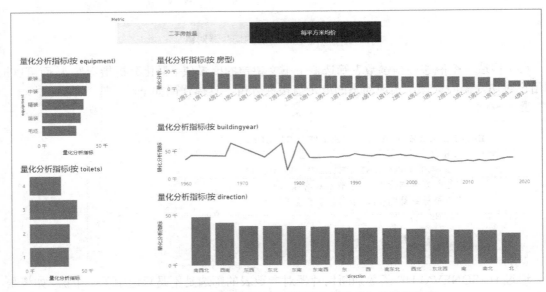

图 10-4　通过切片器选择基于"每平方米均价"的数据分析

10.1.2　动态分析方法 2——What-if 参数

如果参数替换的常量的所有取值来自于自动产生的一个序列，那么 Power BI 在建模选项卡中提供了一个"新建参数"功能（What-if 参数），帮助用户创建参数表和参数度量值。下面以动态排名分析演示这种方法。

排名分析用于从不同角度分析相关属性的排名，如销售额排名、销售量排名等。本小节介绍通过排名分析查看从不同角度展示的对房价起到重要影响的因素。9.1.4 小节介绍了

Power BI 中的排名函数 **RANKX**，并给出了按照装修程度进行二手房均价排名的例子。这里结合参数表并使用多表之间的联系，来展示更加复杂的动态排名的例子。

很多人在买二手房时会比较看重房屋所在的小区，下面按照小区对二手房均价进行排名。小区信息位于 block 表，二手房信息位于 house 表，两个表之间通过 block_id 字段建立了联系。先构建按照所属小区进行二手房均价排名的度量值。

二手房小区销售均价排名 = RANKX(ALL(block[blockname]),[每平方米均价])

然后在报表页中添加一个矩阵可视化对象，将 block 表中的小区名称 blockname 设置为矩阵对象的"行"属性，将"二手房小区销售均价排名"和"每平方米均价"两个度量值设置为矩阵对象的"值"属性，在矩阵对象上单击"二手房小区销售均价排名"列使其升序排列，矩阵对象将按照二手房均价从高到低的排名显示各小区的房屋均价排名情况，如图 10-5 所示。

图 10-5　二手房小区销售均价排名

如果不想显示所有小区的排名情况，而只想显示排名最高或最低的几个小区的情况，则可以通过参数表指定排序的方向和显示的数据行数。实现的基本步骤如下。

（1）矩阵对象其实就是数据透视表，值为空的数据行不会显示出来，因此可以根据希望显示的排名和当前小区的二手房均价排名来判断是否显示当前小区的房屋均价数据。如果希望和上面一样同步显示房屋均价，则二手房均价度量值也需要根据排名的要求重新定义，为了便于理解，可以使用 **VAR** 关键字分步骤进行构造，代码如下。

```
定制的二手房小区销售均价排名 =
VAR RANKBYBLOCKNAME =RANKX(ALL(block[blockname]),[每平方米均价])
VAR CUSTOMEDRANK =
        IF( RANKBYBLOCKNAME<=5,
            RANKBYBLOCKNAME,
            BLANK()
        )
RETURN CUSTOMEDRANK

根据排名显示的二手房均价 =
    VAR RANKBYBLOCKNAME =RANKX(ALL(block[blockname]),[每平方米均价])
    VAR CUSTOMEDPRICE =
```

```
IF( RANKBYBLOCKNAME<=5,
    [每平方米均价],
    BLANK()
)
RETURN CUSTOMEDPRICE
```

使用上面两个度量值构造矩阵对象后，得到的显示效果如图 10-6 所示。

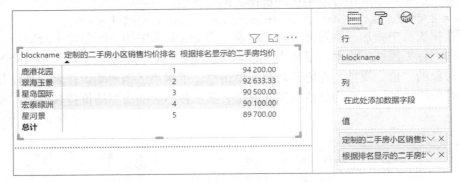

图 10-6　均价排名前 5 的小区房价信息

（2）指定显示的排名数量。如果希望可以随时调整显示的排名数量，例如，根据需要显示前 3 名、前 5 名或前 10 名，乃至任意前 *n* 名的小区的房屋均价信息，则可以将前面度量值中的排名限制"5"改为由"新建参数"功能提供的参数表和参数度量值实现。

首先在"建模"选项卡中单击"新建参数"按钮，在"模拟参数"对话框中设置"名称"为 RANKARG，数据类型为"整数"，最小值可以设为 1，最大值设为 10，增量为 1，默认值为 5，表示最少显示排名最高的 1 位，最多显示排名的前 10 位，这个参数可以在 1～10 之间以步长 1 变化，并且在分析人员最开始没有选择的情况下，默认值是 5，也就是默认关心排名前 5 位，如图 10-7 所示。注意"将切片器添加到此页"复选框默认选中，表示会根据这个参数自动创建一个切片器对象，以帮助实现动态分析。

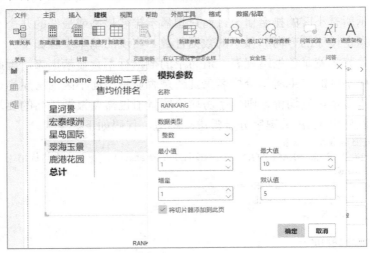

图 10-7　使用"What-if 新建参数"功能创建参数表

单击"确定"按钮，Power Pivot 其实是使用下面公式创建了一个参数表 RANKARG，在数据视图中可以看到这个参数表。

```
RANKARG = GENERATESERIES(0, 10, 1)
```

在创建参数表 RANKARG 时，还创建了一个参数度量值，选中这个度量值后可以给它改个名，如 VALUE_RANKARG，并且可以看到它的定义如下。

```
VALUE_RANKARG = SELECTEDVALUE('RANKARG'[RANKARG], 5)
```

这个 VALUE_RANKARG 度量值其实就是提取切片器工作时选择的参数表的取值，默认情况下 VALUE_RANKARG 的值为 5。

接着修改 "定制的二手房小区销售均价排名" 和"根据排名显示的二手房均价"度量值，主要的修改是根据 VALUE_RANKARG 获得用户使用参数表 RANKARG 指定所需显示的排名数。修改后的两个度量值如下。

```
指定的二手房小区销售均价排名 =
    VAR RANKCOUNT = RANKARG[VALUE_RANKARG]
    VAR RANKBYBLOCKNAME =RANKX(ALL(block[blockname]),[每平方米均价])
    VAR CUSTOMEDRANK = IF(
            RANKBYBLOCKNAME<=RANKCOUNT,
            RANKBYBLOCKNAME,
                    BLANK()
    )
RETURN CUSTOMEDRANK


根据排名显示的二手房均价 =
    VAR RANKCOUNT = RANKARG[VALUE_RANKARG]
    VAR RANKBYBLOCKNAME =RANKX(ALL(blockinfo[blockname]),house[每平方米均价])
    VAR CUSTOMEDPRICE = IF(
            RANKBYBLOCKNAME<=RANKCOUNT,
            house[每平方米均价],
                    BLANK()
                )
RETURN CUSTOMEDPRICE
```

最终的效果如图 10-8 所示，这是选择指定显示均价排名前 8 的小区信息的效果，图中报表区域下方可以看到切片器的选择效果，在右边的 "字段" 子窗口中可以看到 RANKARG 参数表和 VALUE_RANKARG 参数度量值。

图 10-8　动态显示房价排名前 8 的小区信息

10.2 关联分析

10.2.1 关联分析简介

关联分析是一种非常有用的数据分析方法，可以发现数据变量之间的关联规律，从而获取数据库中可以用于指导实践或决策的有利信息。

实现关联分析最典型的方法是关联规则分析，即通过将数据库中数据之间频繁出现的关联模式以规则的方式表达，然后使用算法在数据库中挖掘关联规则。

在挖掘关联规则时，先要识别出数据库中的每一个样本。每个样本可以由多个数据项构成，不同数据库样本的构造可能不同。例如，在商品数据库中，一个样本通常指一个客户的一次购物记录，包括客户信息、购物时间、所购买的所有商品等信息。为了构造合适关联分析的样本，通常需要从互相关联的多个表中合并若干条数据记录。由于不同客户每次购买的商品类型和数量不一定相同，同一个客户不同时间的购物记录也存在同样的情况，因此每个样本包含的商品数据项数可能是不同的。而对于本书中的二手房数据库来说，每个样本是一条房屋销售记录，其包含的数据项主要是房屋的属性信息和每平方米均价等，因此每个样本包含的数据项是相同的。

数据项之间的关联一般以相关的概率来体现，通常认为大于指定的概率阈值时可以构建一条关联规则。以商品数据库为例，如果购买商品 X 的同时很大可能也会购买商品 Y，则可以构成一条关联规则。

```
X ==> Y
```

其中 X 称为前件，Y 称为后件。那么这里的"很大可能"要如何度量呢？一般使用两个概率性指标"支持度"（Support）和"置信度"（Confidence），支持度是指同时包含 X 和 Y 的样本数占样本总数的比例，置信度是指同时包含 X 和 Y 的样本数占包含 X 的样本数的比例。它们的定义如下。

```
Support(X ==> Y) = P(X∪Y)
Confidence(X ==> Y) = P(Y|X)
```

一般会根据问题的背景知识，事先设定好支持度和置信度的阈值，然后按照一定的算法挖掘出所有大于给定阈值的关联规则，从而找到数据库中数据项之间的有趣的关联，例如，购买一种商品的同时很大可能也会购买另一种商品。注意 X ==> Y 和 Y ==> X 是两条不同的关联规则。

10.2.2 二手房数据库的关联分析实例

1. 分析目标和准备

每条二手房销售记录都包含多个条目，主要有面积、每平方米均价、房龄、房型、楼层、装修程度等。为了研究目前人们买房的主要目的，需要研究和房价关联的主要因素，因此考虑将每平方米均价设置为预挖掘的关联规则的后件 Y，将其他因素作为前件 X，设置支持度为 0.06，置信度为 0.5，分析构成不同房价等级的影响因素。

　　每平方米均价、房龄、建筑面积等都是数值型数据，不利于关联规则的生成，因此可以按照表 10-1 中的内容对各个条目对应的列属性数据值进行相似的分类，以将其离散化，根据分类值再进行关联分析。

表 10-1　　　　　　　　　　　　关联规则挖掘前的属性分类

每平方米均价	均价分类	建筑面积	面积分类	建造年份	年代分类
<20000	低价房	<100	面积类 1	<1990	20 世纪 90 年代前
20001~30000	中价房	[100,200)	面积类 2	1990~1999	20 世纪 90 年代
>30000	高价房	[200,300)	面积类 3	2000~2010	21 世纪 00 年代
		>300	面积类 4	2011~2020	21 世纪 10 年代

　　为表 10-1 中的属性分类条目生成计算列如下。

- 均价分类。

```
priceclass =
IF(house[unit_price]<20000,"低价房",IF(house[unit_price]>30000,"高价房","中价房"))
```

- 面积分类。

```
areaclass = SWITCH(true(),
    house[area]<100,"面积小于 100",
    house[area]<200,"面积[100,200）",
    house[area]<300,"面积[200,300）",
    "面积大于 300"
)
```

- 年代分类。

```
ageclass = SWITCH(true(),
    house[buildingyear]<1990,"20 世纪 90 年代前",
    house[buildingyear]<2000,"20 世纪 90 年代",
    house[buildingyear]<2011,"21 世纪 00 年代",
    "21 世纪 10 年代"
)
```

　　为了使用前件和后件条件构造上下文环境，需要在不同的计算时刻使用不同的筛选条件，因此将后件均价分类抽取出来单独构造一个房价条件表，为后件筛选器上下文的构造做准备。

```
PRICECONDTABLE =
    DISTINCT(SELECTCOLUMNS (
            'house',
            "priceclass", 'house'[priceclass])
            )
```

　　在为 PRICECONDTABLE 表与 house 表建立联系时，为了不对度量值的计算造成影响，将该联系先设置为不活动的，在需要将其作为筛选条件时再使用 DAX 函数激活它，如图 10-9 所示。

2．分析过程

　　根据支持度和置信度的定义，可以具体化其计算，方法如下。

```
Support(X ==> Y)=同时包含 X 和 Y 的二手房销售数量/二手房总销售数量
Confidence(X ==> Y)=同时包含 X 和 Y 的二手房销售数量/包含 X 的二手房销售数量
```

　　这里 X 作为影响房价的因素可以是单一的，如面积分类；也可以是复合的，如面积分类+年代分类+房型等，这可以使用筛选器对 house 表进行筛选来实现。下面定义相关的度量值来实现计算。

（1）二手房销售量度量值。

二手房销售量 = DISTINCTCOUNT(house[no])

以"二手房销售量"度量值为基础，设置正确的筛选器上下文，可以实现其他度量值的计算。

（2）包含 X 的二手房销售数量。

需要先筛选出包含因素 X 的所有二手房销售数据行，注意 DAX 中的筛选操作可以通过上下文环境实现，如可视化对象、切片器等，这里的筛选器上下文是针对 house 表构造的。然后使用"二手房销售量"度量值在不同的上下文环境中计算出相应的包含 X 的二手房销售数量。例如，在矩阵对象中，将 areaclass 作为"行"属性，将"二手房销售量"作为"值"属性，可以计算出包含各面积分类的二手房销售数量，这里面积类就是 X 因素如图 10-10 所示。

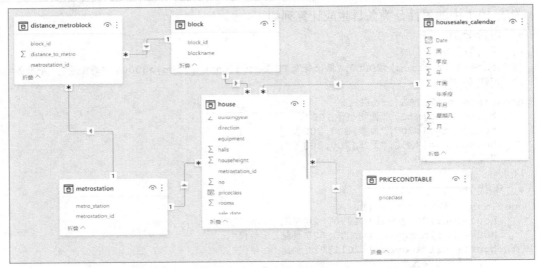

图 10-9　PRICECONDTABLE 表和 house 表之间的联系未激活

图 10-10　包含各面积分类的二手房销售数量的计算

（3）包含 Y 的二手房销售数量。

该度量值在支持度和置信度的计算中并不需要，不过为了深入理解如何使用 PRICECONDTABLE 表进行筛选计算，以及为了本章练习的需要，在此介绍其计算方法。其基本思路是在统计 house 表中的二手房销售数量时，先去除对 house 表的筛选条件，然后激活 house 表和 PRICECONDTABLE 表之间的联系，使用由 PRICECONDTABLE 表构造的筛选条件对 house 表进行筛选，在新的筛选器上下文中计算出包含 Y 的二手房销售数量，其度量值定义如下。

```
包含 Y 的二手房销售数量 =
    CALCULATE (
        [二手房销售量],
        REMOVEFILTERS ( 'house' ),
        USERELATIONSHIP ( house[priceclass], PRICECONDTABLE[priceclass] )
    )
```

在矩阵对象中，将 PRICECONDTABLE 表的 priceclass 属性设置为矩阵对象的"列"属性，将"包含 Y 的二手房销售数量"设置为"值"属性，可以看到分别对 house 表筛选和对 PRICECONDTABLE 表筛选后得到的"包含 X 的二手房销售数量"和"包含 Y 的二手房销售数量"度量值的计算结果。这是从两个互不影响的角度进行筛选后得到的结果，如图 10-11 所示。

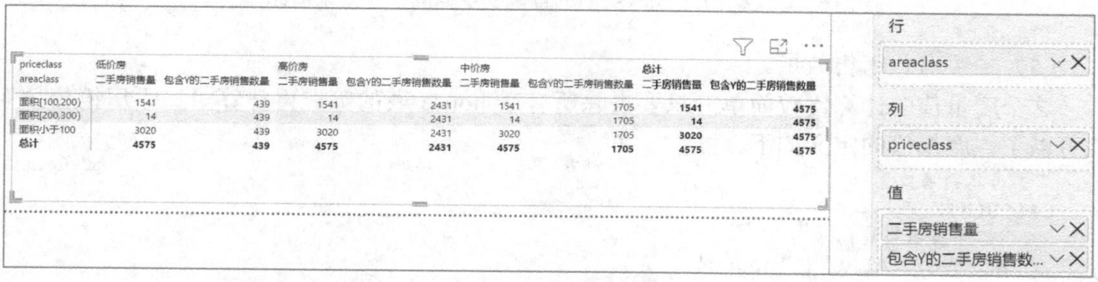

图 10-11　从两个互不影响的角度进行筛选后得到的度量值计算结果

（4）同时包含 X 和 Y 的二手房销售数量。

用 DAX 语言筛选出同时包含因素 X 和均价分类 Y 的二手房销售信息是一个难点，因为在 house 表中针对因素 X 的筛选是由上下文环境构造的。此时，如果在此基础上再进一步针对 house 表中的均价分类 Y 进行筛选，则 house 表的上下文环境会被改变，针对因素 X 的二手房销售数量的度量值计算结果也会被改变。因此对均价分类 Y 的筛选不能和对因素 X 的筛选在同一张表（house 表）上，这里的主要原因是 DAX 中度量值的计算由上下文筛选环境的构造和实际度量值的计算两步构成。这也是为什么上面在计算"包含 Y 的二手房销售数量"时使用的不是 house 表的 priceclass 属性，而是专门复制得到的 PRICECONDTABLE 表的 priceclass 属性。

在 house 表中对因素 X 进行筛选，在 PRICECONDTABLE 表中对均价分类 Y 进行筛选，以构造同时包含 X 和 Y 的针对 house 表的筛选器上下文环境，具体的度量值定义如下。

```
同时包含 X 和 Y 的二手房销售数量 =
    VAR CURRENTDATA =
    CALCULATETABLE(
    house,
        ALL('house'),
    USERELATIONSHIP ( house[priceclass], PRICECONDTABLE[priceclass] )
    )
    VAR RES = CALCULATE(
```

```
        [二手房销售量],
        KEEPFILTERS(CURRENTDATA)
    )
    RETURN RES
```

将"同时包含 X 和 Y 的二手房销售数量"也设置为矩阵对象的"值"属性后，效果如图 10-12 所示，此时可以对比 3 个不同度量值的计算结果。

图 10-12　3 个关联规则的基础度量值的计算结果对比

（5）二手房总销售数量。

这个度量值的计算比较简单，只要去除所有对 house 表的筛选再计算"二手房销售量"就可以了，度量值的定义如下。

```
二手房总销售数量 =
CALCULATE (
    [二手房销售量],
    REMOVEFILTERS ( 'house' )
)
```

（6）支持度。

根据支持度的定义，可以得到相应的度量值定义。

```
XY 支持度 = DIVIDE ( [同时包含 X 和 Y 的二手房销售数量], [二手房总销售数量] )
```

（7）置信度。

根据置信度的定义，可以得到相应的度量值定义。

```
XY 置信度 = DIVIDE ( [同时包含 X 和 Y 的二手房销售数量], [二手房销售量] )
```

3．分析结果解释

基于以上的度量值定义，将 house 表中感兴趣的房价影响因素属性设置为矩阵的"行"属性，将 PRICECONDTABLE 表中的 priceclass 属性设置为矩阵的"列"属性，将"XY 支持度"和"XY 置信度"度量值设置为矩阵的"值"属性，可以计算出以不同影响因素属性作为前件，以均价分类作为后件的候选关联规则的支持度和置信度。选择之前设定好的支持度大于 0.05、置信度大于 0.4 的关联规则，这就是我们挖掘得到的有意义的结果。图 10-13 所示是一次挖掘的结果，其中一条有意义的结果关联规则可以是：

```
面积小于 100 AND 20 世纪 90 年代 ==> 高房价
```

也就是 20 世纪 90 年代建造的面积小于 100 平方米的二手房价格一般较高，其"XY 支持度"为 0.13，"XY 置信度"为 0.78。如果进一步研究这条关联规则背后的原因，可能是这类房子一般位于市区，且多半是学区房，因此买家多，价格偏高。

priceclass / areaclass	低价房 XY支持度	XY置信度	高价房 XY支持度	XY置信度	中价房 XY支持度	XY置信度	总计 XY支持度	XY置信度
面积[100,200)	0.04	0.11	0.17	0.50	0.13	0.39	0.34	1.00
2000年代	0.02	0.13	0.08	0.44	0.08	0.43	0.19	1.00
2010年后	0.01	0.10	0.07	0.51	0.05	0.39	0.13	1.00
90年代	0.00	0.03	0.02	0.86	0.00	0.11	0.02	1.00
90年代前			0.00	1.00			0.00	1.00
面积[200,300)			0.00	0.79	0.00	0.21	0.00	1.00
2000年代			0.00	1.00			0.00	1.00
2010年后			0.00	0.67	0.00	0.33	0.00	1.00
面积小于100	0.06	0.09	0.36	0.55	0.24	0.36	0.66	1.00
2000年代	0.03	0.13	0.08	0.39	0.10	0.48	0.20	1.00
2010年后	0.03	0.13	0.09	0.41	0.09	0.45	0.21	1.00
90年代	0.00	0.02	0.13	0.78	0.03	0.20	0.17	1.00
90年代前	0.00	0.02	0.06	0.81	0.01	0.17	0.08	1.00
总计	0.10	0.10	0.53	0.53	0.37	0.37	1.00	1.00

图 10-13　二手房关联规则挖掘示例

　　一般来说，房价高表明该类房屋比较容易被购买者接受，从而可以以较高的价格成交。可以通过对房屋价格关联的因素进行推导，来分析影响二手房价格的因素，读者可以自行尝试。

10.3　线性回归分析

　　回归分析的主要目的是研究具有因果关系的变量之间的定量联系，一般将模型中我们感兴趣的变量作为目标变量或者因变量。线性回归研究因变量和对其具有线性影响的其他自变量之间具有什么样的方程关系，从而根据自变量对因变量进行预测或者控制，如预测未来一段时间内的二手房价格、某种商品的销售量等，从而方便管理者做出最优的决策。

　　可以使用 Power BI Desktop 折线图中的预测和趋势线功能，结合在时间维度上的钻取，进行简单的沿时间维度的线性回归分析，从而实现一定的预测分析功能。

　　以二手房数据库为例，在报表页中创建一个折线图可视化对象，设置其"值"属性为度量值"每平方米均价"，"轴"属性为 housesales_calender 表中的 Date 列；使用"数据/钻取"选项卡中的钻取功能，可以调整时间轴的粒度为日、月、季度、年等不同的级别。这里可以单击"展开下一级别"按钮得到按照"年、季度、月份和日"显示"每平方米均价"数据的折线图，如图 10-14 所示。

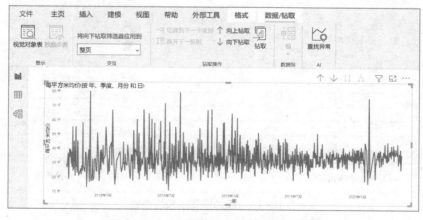

图 10-14　二手房每平方米均价折线图

接着可以单击"向上钻取"按钮得到以"年、季度和月份"为时间粒度单位的二手房每平方米均价折线图，如图 10-15 所示。

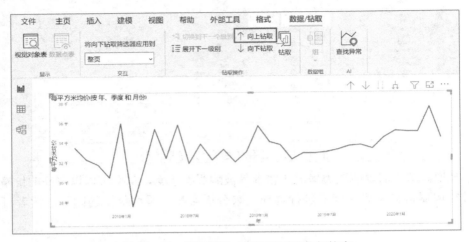

图 10-15　使用钻取功能调整时间分析粒度

在折线图的"分析"选项卡中，通过"预测"功能添加一条预测线，如图 10-16（a）所示。这里设置"预测长度"为 3 点（因为钻取到月，所以预测接下来 3 个月的房价），"置信区间"可以使用默认值 95%。再通过"趋势线"功能添加一条趋势线，如图 10-16（b）所示。这条趋势线是由对沿时间轴的二手房每平方米均价数据进行简单的线性回归后得到的回归方程绘制的。最终的未来 3 个月房价的预测效果如图 10-17 所示。

（a）添加一条预测线

（b）添加一条趋势线

图 10-16　添加预测线和趋势线

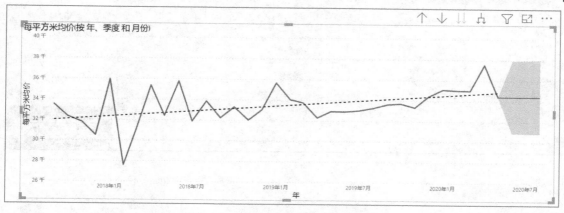

图 10-17　未来 3 个月房价的预测结果

练习

1. 在动态排名分析中，思考如何通过参数表来指定排序的方向，即是希望显示房价最高的若干套二手房的信息，还是房价最低的若干套二手房的信息。

2. 在关联分析中，为了提取更有意义的关联规则，可以考虑在"支持度"和"置信度"指标的基础上加上"提升度"指标。提升度主要考虑了关联规则中后件的影响，提升度为 1 时表示 X 和 Y 互相独立；如果提升度较高，则表示 X 和 Y 同时出现在一个关联规则中并不是偶然的，而是它们确实存在一定的内在关联。提升度的定义如下。

提升度(X==>Y) = 支持度/(P(X)×P(Y))

3. 使用关联规则挖掘分析二手房与地铁站的距离对房价的影响。

[1] 马世权. 从 Execl 到 Power BI：商业智能数据分析[M]. 北京：电子工业出版社，2018.

[2] 宋立桓，沈云. 人人都是数据分析师：微软 Power BI 实践指南[M]. 北京：人民邮电出版社，2018.

[3] 牟恩静，李杰臣. Power BI 智能数据分析与可视化从入门到精通[M]. 北京：机械工业出版社，2019.

[4] 恒盛杰资讯. 商业智能 Power BI 数据分析[M]. 北京：机械工业出版社，2019.

[5] 零一，聂健华，韩要宾. Power BI 电商数据分析实战[M]. 北京：电子工业出版社，2018.

[6] 王国平. Microsoft Power BI 数据可视化与数据分析[M]. 北京：电子工业出版社，2018.

[7] 唐亘. 精通数据科学：从线性回归到深度学习[M]. 北京：人民邮电出版社，2018.

[8] 猴子·数据分析学院. 数据分析思维：分析方法和业务知识[M]. 北京：清华大学出版社，2020.

[9] Philip Seamark,Thomas Martens. Pro DAX with Power BI: Business Intelligence with PowerPivot and SQL Server Analysis Services Tabular[M]. Apress, Berkeley, CA 2019.

[10] Seamark P . Beginning DAX with Power BI[M]. Apress, Berkeley, CA 2018.

[11] 夏秋月，路婕，刘超杰，等. 大数据背景下郑州市中原区二手房特征价格研究[J]. 地域研究与开发，2020, 39(1):83-88.

[12] 吴之锋，余新宏，郝洋，等. 合肥市房地产价格影响因素实证分析[J]. 经济研究导刊，2020(12): 141-142.

[13] 蒋沁宏，周蕾. 基于重庆市二手房价格影响因素的灰色关联度分析[J]. 中国市场，2017(34):71-72.

[14] 赵凯，杨云帆，宋卓远，等. 数据挖掘视角下二手房市场与调控政策研究[J]. 情报探索，2020(4):87-93.

[15] 王琼. 西安市二手房市场价格现状及原因分析[J]. 经济师，2019(4):176-177.